高等学校统计学专业系列教材

统计计算与 R 实现

Statistical Computing with R

王红军　杨有龙　编著

西安电子科技大学出版社

内 容 简 介

　　本书系统地介绍了统计计算的基础知识、产生随机数的基本方法、蒙特卡罗积分、方差减少技术、统计实验和 EM 算法及应用等内容. 书中的程序都是用 R 软件编写实现的. 为了让读者能够顺利阅读、学习本书, 又考虑到课时限制及不偏离统计计算方法的主线, 仅在第 7 章对 R 软件基础知识和语法做了简要介绍.

　　本书可以作为高等院校统计学、数据科学和大数据技术相关专业本科生、研究生的"统计计算"课程教材, 也可以作为相关研究人员学习统计计算方法的参考书.

图书在版编目(CIP)数据

统计计算与 R 实现/王红军, 杨有龙编著. —西安: 西安电子科技大学出版社, 2019.6(2023.2 重印)
ISBN 978 - 7 - 5606 - 5305 - 1

Ⅰ. ① 统… Ⅱ. ① 王… ② 杨… Ⅲ. ① 概率统计计算法 Ⅳ. ① O242.28

中国版本图书馆 CIP 数据核字(2019)第 068691 号

策　　划　刘小莉
责任编辑　雷鸿俊
出版发行　西安电子科技大学出版社(西安市太白南路 2 号)
电　　话　(029)88202421　88201467　　　邮　编　710071
网　　址　www. xduph. com　　　　电子邮箱　xdupfxb001@163. com
经　　销　新华书店
印刷单位　陕西天意印务有限责任公司
版　　次　2019 年 6 月第 1 版　2023 年 2 月第 3 次印刷
开　　本　787 毫米×1092 毫米　1/16　印张　7
字　　数　157 千字
印　　数　3001～5000 册
定　　价　20.00 元
ISBN 978 - 7 - 5606 - 5305 - 1/O

XDUP 5607001 - 3
＊＊＊如有印装问题可调换＊＊＊

前　言

  传统的统计学课程注重理论推导，而忽视统计计算、实验和应用.《不列颠百科全书》将统计学定义为"收集、分析、展示和解释数据的科学". 统计学是一门有关数据处理的应用性学科，它的概念、方法都是在实际应用的推动下产生发展的. 对实际数据的处理分析和统计建模中，难免涉及大量、复杂的计算，尤其像 EM 和 MCMC 等这样一些应用广泛但需要反复迭代的计算密集型算法. 近年来，随着计算机的应用普及和统计软件的广泛使用，特别是大数据时代大量实际问题的应用需求，催生了各种统计计算方法的快速发展. "统计计算"是一门应时而生，将统计方法理论和计算机软件深度融合的应用和实验课程. "统计计算"已经成为众多高校统计专业和相关数据分析专业学生的必修课.

  编者从 2014 年开始，持续为统计专业本科生和研究生讲授"统计计算"这门课程. 该课程是统计专业的核心课程之一. 本书是在编者反复讲授、学习、思考、实践、提炼的基础上形成的.

  书中的随机数产生、统计实验和算法程序都是用 R 软件编写实现的. 考虑到课时限制，仅在第 7 章对书中经常用到的 R 软件基础知识和语法做了简要介绍. 本书主要内容具体安排如下：第 1 章介绍均匀分布随机数的常用产生方法、矩母函数及应用、条件期望与条件方差及应用；第 2 章介绍产生随机变量的基本方法，包括逆变换法、舍选法和合成法；第 3 章介绍有效抽样次数的确定和蒙特卡罗积分两个方面的内容；第 4 章介绍方差减少技术，包括重要抽样法、分层抽样法、对偶变量法、控制变量法和条件期望法；第 5 章介绍一些经典的统计实验，如蒲丰投针实验、电梯问题、报童问题等；第 6 章介绍 EM 算法的基础知识和一些应用实例；第 7 章介绍该课程学习中必要的 R 软件基础知识和语法，以及部分常用算法程序.

  本书可以作为高等院校统计学、数据科学和大数据技术相关专业本科生、研究生的"统计计算"课程教材，讲授内容和顺序可以根据学生情况适当选择和调整. 本书也可以作为相关研究人员学习统计计算方法的参考书.

  成稿之际，感慨万千. 2012 年至 2013 年，编者到华东师范大学访学一年，师从汤银才教授，有幸跟随汤教授比较系统地学习了统计计算和 R 软件. 2017

年暑期编者参加了上海财经大学暑期班,有幸聆听了刘传海教授关于 EM 算法的专题讲座. 书中的例子有的就来自于自己上课或听报告时的笔记. 感谢编者研究生导师田铮教授长期对编者的关心、鼓励和支持. 教学相长,也感谢这些年听编者讲授这门课程的统计专业本科生和研究生,他们为本书作出了不少贡献. 书中使用了相关教材的数据、例子和习题,在此感谢原作者. 感谢学校教务处的教材项目支持和学院相关领导、老师长期的支持和帮助. 感谢出版社相关人员为本书出版所做的辛勤付出.

  "统计计算"这门课程发展较晚,参考资料和教材相对匮乏. 尽管编者努力选材、整理和撰写书稿,但由于我们水平有限,书中不足和疏漏之处在所难免,恳请读者批评指正!

王红军

2019 年 2 月于西安

目　　录

第1章　基础知识 ……………………………………………………… 1

1.1　[0，1]上均匀分布随机数的产生 ……………………………… 1

1.1.1　自然取中法或平方取中法 ……………………………… 1

1.1.2　倍积取中法 ……………………………………………… 2

1.2.3　一阶线性同余法 ………………………………………… 2

1.2　矩母函数 …………………………………………………… 3

1.2.1　矩母函数的定义及性质 ………………………………… 3

1.2.2　矩母函数的应用 ………………………………………… 4

1.3　条件期望与条件方差 ……………………………………… 6

1.3.1　条件分布 ………………………………………………… 6

1.3.2　条件数学期望 …………………………………………… 7

1.3.3　条件数学期望的应用 …………………………………… 8

1.3.4　条件方差 ………………………………………………… 12

习题1 ……………………………………………………………… 13

第2章　模拟随机变量 ……………………………………………… 15

2.1　逆变换法(The Inverse Transform Method) ……………… 15

2.1.1　模拟离散型随机变量 …………………………………… 15

2.1.2　模拟连续型随机变量 …………………………………… 18

2.2　舍选法(The Acceptance-Rejection Technique) ………… 19

2.3　合成法(The Composition Approach) …………………… 23

习题2 ……………………………………………………………… 25

第3章　有效抽样次数与蒙特卡罗积分 ………………………… 27

3.1　有效抽样次数 ……………………………………………… 27

3.2　蒙特卡罗积分 ……………………………………………… 30

3.2.1　理论基础 ………………………………………………… 30

3.2.2　一维蒙特卡罗积分 ……………………………………… 31

3.2.3　高维蒙特卡罗积分 ……………………………………… 32

3.2.4　蒙特卡罗积分的应用 …………………………………… 33

习题3 ……………………………………………………………… 35

第 4 章　方差减少技术 ·· 37

4.1　随机投点法和样本均值法的精度比较 ·································· 37

4.2　重要抽样法 ·· 38

　　4.2.1　重要抽样法介绍 ··· 38

　　4.2.2　倾斜密度函数 ··· 40

　　4.2.3　重要抽样法在模拟小概率事件中的应用 ······················ 41

4.3　分层抽样法 ·· 43

4.4　对偶变量法 ·· 46

4.5　控制变量法 ·· 50

4.6　条件期望法 ·· 53

习题 4 ·· 56

第 5 章　统计实验 ·· 58

5.1　随机取数实验 ·· 58

5.2　统计应用问题的理论分析与模拟分析 ···································· 60

　　5.2.1　蒲丰投针实验 ··· 60

　　5.2.2　电梯问题理论分析与模拟实验 ··································· 62

　　5.2.3　掷骰子问题理论分析与模拟实验 ································· 63

　　5.2.4　报童问题理论分析与模拟实验 ··································· 64

　　5.2.5　摸球问题理论分析与模拟实验 ··································· 65

　　5.2.6　轮船相遇问题理论分析与模拟实验 ······························ 66

习题 5 ·· 67

第 6 章　EM 算法 ·· 68

6.1　EM 算法简介 ··· 68

　　6.1.1　EM 算法原理 ·· 68

　　6.1.2　EM 算法的步骤 ·· 68

　　6.1.3　EM 算法的性质 ·· 69

6.2　EM 算法例解 ··· 70

6.3　EM 算法的相关问题与扩展 ·· 75

　　6.3.1　指数族中的应用 ··· 75

　　6.3.2　GEM 算法 ··· 75

　　6.3.3　MCEM 算法 ·· 76

习题 6 ·· 76

第 7 章　R 基础 ·· 78

7.1　R 软件简介 ··· 78

　　7.1.1　R 软件的发展概况 ·· 78

　　7.1.2　R 软件的优点 ··· 78

　　7.1.3　R 的下载与安装 ·· 79

　　7.1.4　R 的常用编辑器 ·· 79

　　7.1.5　R 程序包的加载与安装 ······································ 79

　7.2　R 向量 ·· 80

　　7.2.1　数值向量 ··· 80

　　7.2.2　逻辑向量 ··· 83

　　7.2.3　字符向量 ··· 83

　　7.2.4　缺失数据 ··· 83

　　7.2.5　向量元素访问与读取 ·· 84

　7.3　R 数组与矩阵 ··· 85

　　7.3.1　数组与矩阵的生成 ·· 85

　　7.3.2　数组下标 ··· 86

　　7.3.3　数组的四则运算 ·· 87

　　7.3.4　矩阵的运算 ··· 87

　　7.3.5　与矩阵(数组)运算有关的函数 ································ 88

　7.4　R 的对象与属性 ··· 89

　　7.4.1　内在属性 ··· 90

　　7.4.2　修改对象的长度 ·· 90

　7.5　R 列表与数据框 ··· 91

　　7.5.1　列表 ··· 91

　　7.5.2　数据框(data.frame) ··· 92

　7.6　R 控制流及函数编写 ··· 94

　　7.6.1　分支语句 ··· 94

　　7.6.2　中止语句与空语句 ·· 95

　　7.6.3　循环语句 ··· 95

　　7.6.4　函数的编写 ··· 96

　习题 7 ·· 101

参考文献 ·· 102

第1章　基 础 知 识

本章介绍"统计计算"课程学习中要涉及的一些基础知识，重点介绍均匀分布随机数的产生方法，矩母函数的定义、统计性质和应用，以及条件期望、条件方差的定义和全期望公式的应用.

1.1　[0，1]上均匀分布随机数的产生

产生[0，1]上均匀分布随机数是随机模拟的基础和关键步骤. 已经有不少产生均匀分布随机数的方法，通常要求这些方法满足：

（1）统计性质好：随机数具有分布的均匀性.

（2）周期长：避免随机数周期不够长而发生循环.

（3）计算简便：产生随机数的步骤相对较少，易操作.

产生均匀分布随机数的方法大致可以分为三类. 第一类方法是检表法，就是将一些服从均匀分布的随机数编成表格，需要时从表中取用. 随着计算机应用的普及，该方法现在已较少使用. 第二类方法是物理方法，就是把具有随机性质的物理过程变换为随机数. 第三类方法是数学方法，也是被广泛采用的方法，它实质上利用了计算机能够进行算术和逻辑运算的特点，用一个恰当的递归式：

$$u_n = g(u_{n-1}, \cdots, u_{n-k}).$$

在给定一组初值 u_0，u_{-1}，u_{-2}，$\cdots$，u_{-k}，$u_{-(k+1)}$ 后，依次求出 u_1，u_2，u_3，$\cdots$，从而产生具有均匀总体随机子样性质的随机数.

计算机的存储量有限，只能表示有限个不同的随机数，不能产生真正连续分布的随机数，并且得到的序列是使用确定的算法产生的，这些数在本质上是确定的. 用递推式产生的序列达到一定长度后，就会周期性循环出现或退化为 0. 这样产生的随机数实质上是伪随机数（Pseudo-Random Numbers）.

1.1.1　自然取中法或平方取中法

自然取中法或平方取中法是最早使用的产生伪随机数的方法. 任取一个 N 位整数作初值，将该数平方，从其平方数中间取出 N 位，这个 N 位数就是第一个随机整数；再将第一个随机数平方，从其中间取 N 位，得到第二个随机整数. 即利用 $w_n = \{w_{n-1}^2$ 的中间 N 位数字$\}$，依次得到一个随机数列，再用数列中的每一项除以 10^N，就得到[0，1]上均匀分布的随机数列$\{u_1, u_2, \cdots, u_n\}$.

例如：取 $w_0 = 1234$，则 $w_0^2 = 1522756$，其中间 4 位为 2275，即为第一个随机整数 w_1，接着同法得到 w_2，等等.

$$w_1 = 2275, \quad u_1 = \frac{w_1}{10^4} = 0.2275, \quad w_1^2 = 5175625;$$

$$w_2 = 7562, \quad u_2 = \frac{w_2}{10^4} = 0.7562, \quad w_2^2 = 57183844;$$

...

如此反复, 可得到随机数列.

1.1.2 倍积取中法

取 $N=4$, $K=5678$, 由倍积取中算法可得表 1.1 中的结果.

表 1.1 倍积取中算法数据

w_n	Kw_n	w_{n+1}	$u_{n+1} = w_{n+1} \times 10^{-4}$
$w_0 = 1234$	7006652	0665	0.0665
$w_1 = 665$	3775870	7587	0.7587
$w_2 = 7587$	43078986	0789	0.0789

1.1.3 一阶线性同余法

一阶线性同余法(乘同余法)是最常用的算法, 它产生随机数的递推式为

$$w_n = k_1 \times w_{n-1} \pmod{m} \quad (0 \leqslant w_n < m),$$

$$u_n = \frac{w_n}{m}.$$

这里 k_1、m 和初值 w_0(又称种子)都是正整数, 可见 $0 \leqslant u_n < 1$. mod 是模数(modulus), 若两个数 A 和 B 被 m 除以后所得余数相等, 则称 A 和 B 对 m 同余, 记作 $A = B \pmod{m}$.

例 1.1 用一阶线性同余法(乘同余法)产生 5 个 $[0,1]$ 区间上均匀分布随机数, 取 $k_1 = 18$, $m = 100$ 和初值 $w_0 = 11$.

解 按照递推公式依次可以得到

$$w_1 = 98, \quad u_1 = 0.98;$$
$$w_2 = 64, \quad u_2 = 0.64;$$
$$w_3 = 52, \quad u_3 = 0.52;$$
$$w_4 = 36, \quad u_4 = 0.36;$$
$$w_5 = 48, \quad u_5 = 0.48.$$

作为一阶线性同余法及推广, 二阶或三阶线性同余法的递推公式如下:

$$w_n = k_1 \times w_{n-1} + k_2 \times w_{n-2} \pmod{m},$$
$$w_n = k_1 \times w_{n-1} + k_2 \times w_{n-2} + k_3 \times w_{n-3} \pmod{m}.$$

前面介绍的各种产生随机数的方法都依赖于递推式, 因此这些随机数之间存在一定的相关性, 在使用前有必要对随机数进行统计检验, 用 χ^2 检验法检验其均匀性, 用相关系数法检验其独立性.

　　若要产生$[a,b]$区间上的均匀分布随机数 s_n，只要将$[0，1]$区间上的均匀分布随机数 u_n 经过线性变换 $s_n = a + (b-a)u_n$ 即可.

1.2　矩 母 函 数

　　特征函数和矩母函数都是积分变换，特征函数对应的复积分总是存在的，或者说随机变量的特征函数总是存在的. 而矩母函数对应的实积分可能发散，即随机变量的矩母函数可能不存在. 矩母函数在理论形式上没有特征函数完善优美，但矩母函数不需使用复积分，使用起来更加方便，且通常情况下随机变量的矩母函数存在. 矩母函数应用广泛，是统计计算中的一个基本概念和常用工具.

1.2.1　矩母函数的定义及性质

　　随机变量 X 的矩母函数 $M_X(t)$ 定义如下：

$$M_X(t) = E[e^{tX}] = \begin{cases} \displaystyle\int_{-\infty}^{+\infty} e^{tx} f(x) \mathrm{d}x, & X \text{ 具有密度函数 } f(x); \\ \displaystyle\sum_{i=0}^{\infty} e^{tx_i} p(x_i), & X \text{ 具有分布律 } p(x). \end{cases}$$

矩母函数 $M_X(t)$ 的常用性质：

(1) 矩母函数 $M_X(t)$ 与 X 的分布相互唯一确定；

(2) 若随机变量 X 与 Y 相互独立，则 $M_{X+Y}(t) = M_X(t) M_Y(t)$；

(3) 若 $Y = aX + b$，则 $M_Y(t) = e^{bt} M_X(at)$；

(4) 矩母函数可用于求 X^n 的各阶原点矩：

$$E(X^n) = M_X^{(n)}(0).$$

矩母函数的这些性质容易验证，下面给出性质(4)的证明.

　　证明　因为

$$M_X'(t) = \frac{\mathrm{d}}{\mathrm{d}t} E[e^{tX}] = E\left[\frac{\mathrm{d}}{\mathrm{d}t} e^{tX}\right] = E[X e^{tX}],$$

所以

$$M_X'(0) = E[X].$$

　　又因为

$$M_X''(t) = \frac{\mathrm{d}}{\mathrm{d}t} M_X'(t) = \frac{\mathrm{d}}{\mathrm{d}t} E[X e^{tX}] = E[X^2 e^{tX}],$$

所以

$$M_X''(0) = E[X^2].$$

　　进而可得一般情形下，

$$M_X^{(n)}(t) = \frac{\mathrm{d}}{\mathrm{d}t} M_X^{(n-1)}(t) = E[X^n e^{tX}],$$

$$M_X^{(n)}(0) = E[X^n].$$

1.2.2 矩母函数的应用

在统计应用中，如风险理论和非寿险精算，往往要涉及随机变量数字特征的计算问题. 如果用定义求，采用积分计算或级数求和的方式，通常要涉及颇具技巧的积分变换或级数知识. 矩母函数为这类问题的求解提供了一种有效的方法.

例 1.2 （正态分布）设随机变量 $X \sim N(\mu, \sigma^2)$，确定 X 的矩母函数，并用矩母函数法求 X 的期望与方差.

解 因为

$$M_X(t) = E[e^{tX}]$$

$$= \int_{-\infty}^{\infty} e^{tx} \frac{1}{\sqrt{2\pi}\sigma} e^{-\frac{(x-\mu)^2}{2\sigma^2}} dx$$

$$= e^{(\mu t + \frac{1}{2}\sigma^2 t^2)} \int_{-\infty}^{\infty} \frac{1}{\sqrt{2\pi}\sigma} e^{-\frac{[x-(\mu+\sigma^2 t)]^2}{2\sigma^2}} dx$$

$$= e^{(\mu t + \frac{1}{2}\sigma^2 t^2)},$$

$$M_X'(t) = (\mu + \sigma^2 t) e^{(\mu t + \frac{1}{2}\sigma^2 t^2)},$$

$$M_X''(t) = [\sigma^2 + (\mu + \sigma^2 t)^2] e^{(\mu t + \frac{1}{2}\sigma^2 t^2)}.$$

故

$$E[X] = M_X'(0) = \mu,$$

$$E[X^2] = M_X''(0) = \mu^2 + \sigma^2,$$

$$\text{Var}[X] = \sigma^2.$$

例 1.3 （伽玛分布）设随机变量 $X \sim \text{Gamma}(\alpha, \beta)$，$\alpha > 0$，$\beta > 0$，$X$ 的密度函数为

$$f(x) = \frac{\beta^\alpha}{\Gamma(\alpha)} x^{\alpha-1} e^{-\beta x}, \quad x > 0.$$

其中，$\Gamma(\alpha) = \int_0^\infty y^{\alpha-1} e^{-y} dy$. 求 X 的期望与方差.

解
$$M_X(t) = E[e^{tX}]$$

$$= \int_0^\infty e^{tx} \frac{\beta^\alpha}{\Gamma(\alpha)} x^{\alpha-1} e^{-\beta x} dx$$

$$= \frac{\beta^\alpha}{(\beta-t)^\alpha} \int_0^\infty \frac{(\beta-t)^\alpha}{\Gamma(\alpha)} x^{\alpha-1} e^{-(\beta-t)x} dx$$

$$= \left(\frac{\beta}{\beta-t}\right)^\alpha.$$

$$M_X'(t) = \alpha \left(\frac{\beta}{\beta-t}\right)^{\alpha-1} \frac{\beta}{(\beta-t)^2},$$

$$E[X] = M_X'(0) = \frac{\alpha}{\beta}.$$

进而

$$\text{Var}[X] = \frac{\alpha}{\beta^2}.$$

注：$\alpha = 1$ 时，Gamma 分布退化为指数分布.

例 1.4　（二项分布）设随机变量 $X \sim B(n, p)$，求 X 的期望与方差.

解　$M_X(t) = E[e^{tX}] = \sum_{k=0}^{n} e^{tk} C_n^k p^k (1-p)^{n-k}$

$$= \sum_{k=0}^{n} (pe^t)^k C_n^k (1-p)^{n-k}$$

$$= (pe^t + 1 - p)^n,$$

$$M_X'(t) = n(pe^t + 1 - p)^{n-1} pe^t,$$

$$M_X''(t) = n(pe^t + 1 - p)^{n-1} pe^t + n(n-1)(pe^t + 1 - p)^{n-2} (pe^t)^2,$$

$$E[X] = M_X'(0) = np, \ E[X^2] = M_X''(0) = np + n(n-1)p^2, \ \mathrm{Var}[X] = npq.$$

例 1.5　（泊松分布）设随机变量 X 服从参数为 λ 的泊松分布，即分布律为 $p(X=k) = \dfrac{\lambda^k}{k!} e^{-\lambda} (k=0, 1, 2, \cdots)$，求 X 的期望与方差.

解　$$M_X(t) = E[e^{tX}] = \sum_{k=0}^{n} e^{tk} \frac{\lambda^k}{k!} e^{-\lambda}$$

$$= e^{-\lambda} \sum_{k=0}^{n} \frac{(\lambda e^t)^k}{k!}$$

$$= e^{\lambda(e^t-1)},$$

$$M_X'(t) = \lambda e^t e^{[\lambda(e^t-1)]},$$

$$M_X''(t) = \lambda e^t e^{[\lambda(e^t-1)]} + (\lambda e^t)^2 e^{[\lambda(e^t-1)]},$$

$$E[X] = \lambda, \ E[X^2] = M_X''(0) = \lambda + \lambda^2, \ \mathrm{Var}[X] = \lambda.$$

例 1.6　卡方分布 $X \sim \chi^2(n)$，求 X 的期望与方差.

解　令 $Z_1, Z_2, \cdots, Z_n$ 以及 Z 是独立同分布的标准正态分布随机变量，且 $X = Z_1^2 + Z_2^2 + \cdots + Z_n^2$，则 X 服从自由度为 n 的卡方分布.

$$M_X(t) = [M_{Z^2}(t)]^n = (E[e^{tZ^2}])^n.$$

$$E[e^{tZ^2}] = \frac{1}{\sqrt{2\pi}} \int_{-\infty}^{\infty} e^{tz^2} e^{-\frac{z^2}{2}} \mathrm{d}z$$

$$= \frac{1}{\sqrt{2\pi}} \int_{-\infty}^{\infty} e^{-\frac{z^2}{2\sigma^2}} \mathrm{d}z \quad (\sigma^2 = (1-2t)^{-1})$$

$$= (1-2t)^{-\frac{1}{2}}.$$

故可得卡方分布矩母函数：

$$M_X(t) = (1-2t)^{-\frac{n}{2}},$$

$$M_X'(t) = n(1-2t)^{-\frac{n+2}{2}},$$

$$M_X''(t) = n(n+2)(1-2t)^{-\frac{n+2}{2}-1}.$$

利用性质（4）可得

$$E[X] = n, \ E[X^2] = n(n+2), \ \mathrm{Var}[X] = 2n.$$

矩母函数不仅可以用于计算随机变量的数字特征，还有其他方面的应用，如后面要讲到的重要抽样法中倾斜密度函数的构造等.

1.3　条件期望与条件方差

多维随机变量的各分量之间主要表现为独立和相依两类关系. 下面讨论具有相依关系的条件分布.

1.3.1　条件分布

1. 离散型

若(X, Y)是二维离散型随机变量，联合分布为
$$P(X = x_i, Y = y_j) = p_{ij}, \quad i = 1, 2, \cdots; j = 1, 2, \cdots,$$
则对一切使得 $P(X=x_i)>0$ 的 x_i 可以定义"给定 $X=x_i$ 下 Y 的条件分布"为
$$P(Y = y_j \mid X = x_i) = \frac{P(X = x_i, Y = y_j)}{P(X = x_i)} = \frac{p_{ij}}{p_i}.$$

其中，$p_i = \sum_j p_{ij}$.

　　例 1.7　设(X, Y)的联合分布律如下：

X＼Y	1	2	3
1	0.1	0.3	0.2
2	0.2	0.05	0.15

求给定 $X=1$ 条件下 Y 的分布.

　　解
$$P(Y=1|X=1)=\frac{P(X=1, Y=1)}{P(X=1)}=\frac{0.1}{0.6}=\frac{1}{6},$$
$$P(Y=2|X=1)=\frac{3}{6}, \; P(Y=3|X=1)=\frac{2}{6}.$$

2. 连续型

若(X, Y)是二维连续型随机变量，联合密度为 $f(x, y)$，$f_X(x)$ 和 $f_Y(y)$ 是对应的边缘密度函数. 若 $f_X(x)>0$，则在 $X=x$ 的条件下 Y 的条件密度函数为
$$f(y \mid x) = \frac{f(x, y)}{f_X(x)}.$$

　　例 1.8　设二维连续型随机变量(X, Y)的联合密度函数为
$$f(x, y) = \begin{cases} \dfrac{\mathrm{e}^{-x/y}\mathrm{e}^{-y}}{y}, & 0 < x, y < \infty; \\ 0, & \text{其他.} \end{cases}$$

求 $P(X>1|Y=y)$ 及 $P(X>1|Y=1)$.

　　解
$$f_Y(y) = \int_0^\infty f(x, y)\mathrm{d}x = \mathrm{e}^{-y},$$

$$f(x \mid y) = \frac{f(x, y)}{f_Y(y)} = \frac{1}{y}\mathrm{e}^{-x/y}, \quad x > 0,$$

$$P(X > 1 \mid Y = y) = \int_1^\infty \frac{1}{y}\mathrm{e}^{-x/y}\mathrm{d}x = \mathrm{e}^{-1/y}.$$

注: 在"$Y=y$"没有给定时, 上式是 y 的函数.

$$P(X > 1 \mid Y = 1) = \mathrm{e}^{-1}.$$

1.3.2 条件数学期望

条件数学期望在统计模拟中具有重要的应用.

离散型: 设 (X, Y) 是具有联合分布律的离散型随机变量, 在给定 $X=x$ 的条件下 Y 的条件期望为

$$E[Y \mid X = x] = \sum_y yP(Y = y \mid X = x)$$

$$= \frac{\sum_y yP(X = x, Y = y)}{P(X = x)}.$$

即在给定 $X=x$ 条件下以 Y 的取值为 y 的条件概率为权的加权平均.

连续型: 设 (X, Y) 的联合密度为 $f(x, y)$, 则在给定条件 $X=x$ 下 Y 的条件期望为

$$E[Y \mid X = x] = \frac{\int_{-\infty}^{+\infty} yf(x, y)\mathrm{d}y}{\int_{-\infty}^{+\infty} f(x, y)\mathrm{d}y}.$$

条件数学期望 $E[Y|X=x]$ 与无条件期望 $E[Y]$ 的区别: 计算公式和含义均不同.

如 Y 表示中国人的年收入, X 表示受教育的年限, $E[Y]$ 表示中国人的平均年收入; $E[Y|X=x]$ 表示受过 x 年教育人群的平均年收入, $E[Y|X=x]$ 随 x 的不同有多个, 而 $E[Y]$ 只有一个.

$E[Y|X]$ 为 X 的函数, 在 $X=x$ 给定时函数值为 $E[Y|X=x]$. 同时 $E[Y|X]$ 也是一个随机变量.

条件期望是条件分布的数学期望, 它具有期望的常用性质, 下面介绍应用广泛的全期望公式(或称双重期望公式):

$$E[E[X \mid Y]] = E[X].$$

下面仅在离散情形下证明全期望公式:

$$E[E[X \mid Y]] = \sum_y E[X \mid Y = y]P\{Y = y\}$$

$$= \sum_y \sum_x xP(x \mid y)P(y)$$

$$= \sum_x x \sum_y P(x, y)$$

$$= \sum_x xP\{X = x\}$$

$$= E[X].$$

连续情形下全期望公式的证明与离散情况下的证明方法类似.

全期望公式是概率统计中比较深刻且应用广泛的结论. 有时计算 $E[X]$ 是困难的, 而

在给定条件 $Y=y$ 之后, 条件期望的计算却比较容易.

直观地讲, 可以把 $E[X]$ 看做是在整个范围内求平均, 然后找一个与 X 相关的变量 Y, 用 Y 的不同值将整个范围划分为若干个小区域. 先求每个小区域上的平均值, 再对这些平均值加权平均. 例如求全校学生的平均年龄, 可以先求出每个班学生的平均年龄, 再对每个班平均年龄加权平均, 权是各班人数占全校人数的比例.

1.3.3 条件数学期望的应用

例 1.9 (巴格达矿工脱险问题) 一名矿工被困在有三个门的矿井里, 第一个门通往一个坑道, 沿此坑道走 3 个小时可以到达安全地点; 第二个门会使他走 5 个小时后又回到原处; 第三个门会使他走 7 个小时后也回到原处. 假定该矿工在任何时刻等可能地选定其中一个门, 求他到达安全地点平均需要多长时间?

解 设 X 为矿工到达安全地点所需时间, Y 表示所选的门, 则

$$E[X] = E[E[X \mid Y]]$$
$$= E[X \mid Y = 1]P\{Y = 1\} + E[X \mid Y = 2]P\{Y = 2\}$$
$$+ E[X \mid Y = 3]P\{Y = 3\}$$

又

$$E[X \mid Y = 1] = 3,$$
$$E[X \mid Y = 2] = 5 + E[X],$$
$$E[X \mid Y = 2] = 7 + E[X].$$

代入可解得

$$E[X] = 15.$$

例 1.10 几何分布分布律如下(首次成功概率):

$$P(X = n) = pq^{n-1}, \quad n = 1, 2, 3, \cdots.$$

其中, $0 < p < 1$, $q = 1 - p$. 求几何分布随机变量 X 的期望和方差.

分析: 几何分布的期望、方差若用定义求, 也是可行的, 但其中要涉及级数、级数求导、整体代换等处理方法和技巧, 颇有些难度. 但如果从几何分布的背景意义出发, 恰当扩充引入新的随机变量, 再利用条件期望公式, 可使问题化繁为简.

解 若第一次成功, 则令 $Y=1$, 否则令 $Y=0$. 由几何分布的意义可知:

$$E(X \mid Y = 1) = 1,$$
$$E(X \mid Y = 0) = E(1 + X) = 1 + E(X).$$

由全期望公式可得

$$E[X] = E[E[X \mid Y]]$$
$$= E[X \mid Y = 1]P\{Y = 1\} + E[X \mid Y = 0]P\{Y = 0\}$$
$$= p + E(X + 1)(1 - p)$$
$$= p + [E(X) + 1](1 - p).$$

易解得 $E(X) = \dfrac{1}{p}$.

将 X^2 作为整体，再次利用全期望公式可得

$$
\begin{aligned}
E[X^2] &= E[E[X^2 \mid Y]] \\
&= E[X^2 \mid Y = 1]P\{Y = 1\} + E[X^2 \mid Y = 0]P\{Y = 0\} \\
&= p + E(X + 1)^2(1 - p) \\
&= p + [E(X^2) + 2E(X) + 1](1 - p) \\
&= p + (1 - p)E(X^2) + 2\frac{1 - p}{p} + (1 - p).
\end{aligned}
$$

解得

$$
E(X^2) = \frac{2 - p}{p^2}.
$$

故有

$$
\mathrm{Var}(X) = E(X^2) - [E(X)]^2 = \frac{q}{p^2}.
$$

例 1.11 随机个随机变量之和：设 X_1，X_2，… 是一列与 X 独立同分布的随机变量，N 是一个非负整数随机变量，且与序列 X_1，X_2，… 独立，求 $Y = \sum_{i=1}^{N} X_i$ 的均值和方差.

解 首先考虑 $N = n$ 条件下 Y 的矩母函数

$$
E\left[\exp\left\{t\sum_{i=1}^{N} X_i\right\} \mid N = n\right] = E\left[\exp\left\{t\sum_{i=1}^{n} X_i\right\}\right] = [M_X(t)]^n.
$$

其中，$M_X(t)$ 是 X 的矩母函数，因而

$$
E\left[\exp\left\{t\sum_{i=1}^{N} X_i\right\} \mid N\right] = [M_X(t)]^N,
$$

$$
M_Y(t) = E\left[E\left[\exp\left\{t\sum_{i=1}^{N} X_i\right\} \mid N\right]\right] = E\{[M_X(t)]^N\}.
$$

对 $M_Y(t)$ 求导得

$$
M_Y'(t) = E\{N[M_X(t)]^{N-1}M_X'(t)\},
$$

$$
M_Y''(t) = E\{N(N - 1)[M_X(t)]^{N-2}[M_X'(t)]^2 + N[M_X(t)]^{N-1}M_X''(t)\}.
$$

计算在 $t = 0$ 处的值

$$
\begin{aligned}
E[Y] &= M_Y'(0) = E[NE[X]] = E[N]E[X], \\
E[Y^2] &= M_Y''(0) \\
&= E[N(N - 1)(E[X])^2 + NE[X^2]] \\
&= E[N^2(E[X])^2 + N\mathrm{Var}[X]] \\
&= E[N^2](E[X])^2 + E[N]\mathrm{Var}[X], \\
\mathrm{Var}[Y] &= E[N]\mathrm{Var}[X] + \mathrm{Var}[N](E[X])^2.
\end{aligned}
$$

例 1.12 （产卵数）设某时间段能产卵的雌虫数为随机变量 Y，第 i 个雌虫产卵数 X_i（$i = 1, 2, \cdots, Y$）是独立同分布的随机变量，且与 Y 独立. 设 $E[Y]$ 和 $E[X_i]$ 已知，求该时间段平均有多少个虫卵？

解 设 $Z = \sum_{i=1}^{Y} X_i$（即 Z 为总产卵数）.

$$E[Z \mid Y = n] = E\left[\sum_{i=1}^{Y} X_i \mid Y = n\right]$$

$$= E\left[\sum_{i=1}^{n} X_i \mid Y = n\right]$$

$$= nE[X_i],$$

$$E[Z] = E[E[Z \mid Y]]$$

$$= \sum_{n} E[Z \mid Y = n] P\{Y = n\}$$

$$= \sum_{n} nE[X_i] P\{Y = n\}$$

$$= E[X_i] \sum_{n} nP\{Y = n\}$$

$$= E[X_i] E[Y].$$

故平均产卵个数为 $E[X_i]E[Y]$.

例 1.13   二维正态随机变量 (X, Y) 的联合密度函数为

$$f(x, y) = \frac{1}{2\pi\sigma_x\sigma_y \sqrt{1-\rho^2}} \exp\left\{-\frac{1}{2(1-\rho^2)}\left[\left(\frac{x-\mu_x}{\sigma_x}\right)^2\right.\right.$$

$$\left.\left. - 2\rho\frac{(x-\mu_x)(y-\mu_y)}{\sigma_x\sigma_y} + \left(\frac{y-\mu_y}{\sigma_y}\right)^2\right]\right\}.$$

试证明：X 和 Y 的相关系数是 ρ，即 $\mathrm{Corr}(X, Y) = \rho$.

证明   由相关系数计算公式：

$$\mathrm{Corr}(X, Y) = \frac{\mathrm{Cov}(X, Y)}{\sigma_x\sigma_y} = \frac{E(XY) - \mu_x\mu_y}{\sigma_x\sigma_y},$$

知关键是计算 $E(XY)$.

在给定 $Y = y$ 的条件下，可得条件密度函数：

$$f(x \mid y) = C\exp\left\{-\frac{1}{2\sigma_x^2(1-\rho^2)}\left[x - \left(\mu_x + \rho\frac{\sigma_x}{\sigma_y}(y-\mu_y)\right)\right]^2\right\}.$$

其中，C 是常数. 可见条件分布仍然是期望值为 $\mu_x + \rho\dfrac{\sigma_x}{\sigma_y}(y-\mu_y)$ 的正态分布，且

$$E(XY \mid Y = y) = E(Xy \mid Y = y)$$

$$= yE(X \mid Y = y)$$

$$= y\left[\mu_x + \rho\frac{\sigma_x}{\sigma_y}(y-\mu_y)\right]$$

$$= y\mu_x + \rho\frac{\sigma_x}{\sigma_y}(y^2 - \mu_y y),$$

进而

$$E(XY \mid Y) = Y\mu_x + \rho\frac{\sigma_x}{\sigma_y}(Y^2 - \mu_y Y).$$

由全期望公式可得

$$E(XY) = E\big[E(XY \mid Y)\big]$$

$$= E\Big[Y\mu_x + \rho \frac{\sigma_x}{\sigma_y}(Y^2 - \mu_y Y)\Big]$$

$$= \mu_x E(Y) + \rho \frac{\sigma_x}{\sigma_y} E(Y^2 - \mu_y Y)$$

$$= \mu_x \mu_y + \rho \frac{\sigma_x}{\sigma_y} \text{Var}(Y)$$

$$= \mu_x \mu_y + \rho \sigma_x \sigma_y.$$

故有

$$\text{Corr}(X, Y) = \frac{\mu_x \mu_y + \rho \sigma_x \sigma_y - \mu_x \mu_y}{\sigma_x \sigma_y} = \rho.$$

注：根据相关系数和协方差、方差之间的关系，若直接通过重积分计算 $E(XY)$，思路、方法均可行，但其中不可避免要涉及大量的计算，并且要用到变量代换和颇具技巧的积分计算.

恰当的引入随机变量，不仅可以用条件期望计算期望，还可以计算概率. 令 A 表示随机事件，X 为示性随机变量.

$$X = \begin{cases} 1, & \text{若 } A \text{ 发生}; \\ 0, & \text{若 } A \text{ 不发生}. \end{cases}$$

则 $E(X) = P(A)$，进而对于任意随机变量 Y，有

$$E(X \mid Y = y) = P(A \mid Y = y).$$

根据全期望公式可得

$$P(A) = E(X) = E\big[E(X \mid Y)\big],$$

则

$$P(A) = \begin{cases} \displaystyle\sum_y E(X \mid Y = y) P(Y = y) = \sum_y P(A \mid Y = y) P(Y = y); \\ \displaystyle\int E(X \mid Y = y) f_Y(y) \mathrm{d}y = \int P(A \mid Y = y) f_Y(y) \mathrm{d}y. \end{cases}$$

若 Y 为离散型变量，且 Y 的取值为 $y_1, y_2, \cdots, y_n$，定义事件 F_i，$i = 1, 2, \cdots, n$，$F_i = \{Y = y_i\}$，则

$$P(A) = \sum_{i=1}^n P(A \mid F_i) P(F_i).$$

F_i，$i = 1, 2, \cdots, n$ 是对样本空间的一个划分.

例 1.14 设 X 和 Y 相互独立，且密度函数分别为 $f_X(x)$ 和 $f_Y(y)$，计算 $P(X < Y)$.

解

$$P(X < Y) = \int P(X < Y \mid Y = y) f_Y(y) \mathrm{d}y$$

$$= \int P(X < y \mid Y = y) f_Y(y) \mathrm{d}y$$

$$= \int P(X < y) f_Y(y) \mathrm{d}y$$

$$= \int F_X(y) f_Y(y) \mathrm{d}y.$$

例 1.15 设 X 和 Y 是相互独立的连续性随机变量，试确定 $X+Y$ 的分布.

解

$$P(X+Y < a) = \int P(X+Y < a \mid Y = y) f_Y(y) \mathrm{d}y$$

$$= \int P(X+y < a \mid Y = y) f_Y(y) \mathrm{d}y$$

$$= \int P(X < a - y) f_Y(y) \mathrm{d}y$$

$$= \int F_X(a - y) f_Y(y) \mathrm{d}y.$$

例 1.16 令 $U_1, U_2, \cdots$ 是一个 i. i. d 序列，且 $U_i \sim U(0, 1)$. 令

$$N = \min\left\{n: \sum_{i=1}^{n} U_i > 1\right\},$$

求 $E(N)$.

解 为了得到更一般的结果，对于 $x \in [0, 1]$，令

$$N(x) = \min\left\{n: \sum_{i=1}^{n} U_i > x\right\},$$

即 $N(x)$ 表示 $(0, 1)$ 上随机数的和超过 x 的最小个数. 令 $m(x) = E[N(x)]$，则

$$m(x) = E[N(x)] = \int_0^1 E[N(x) \mid U_1 = y] \mathrm{d}y.$$

$$E[N(x) \mid U_1 = y] = \begin{cases} 1, & y > x; \\ 1 + m(x - y), & y \leqslant x. \end{cases}$$

注：$y \leqslant x$ 即 $U_1 < x$，则期望次数为 1 再加上使得 $\sum_{i=1}^{n} U_i > x - y$ 的平均次数.

$$m(x) = \int_0^x [1 + m(x - y)] \mathrm{d}y + \int_x^1 \mathrm{d}y$$

$$= 1 + \int_0^x m(x - y) \mathrm{d}y$$

$$= 1 + \int_0^x m(u) \mathrm{d}u. \quad (\diamondsuit u = x - y)$$

两边求导得

$$m'(x) = m(x), \quad 即 \quad \frac{m'(x)}{m(x)} = 1.$$

积分得

$$\log[m(x)] = x + C,$$

进而 $m(x) = K\mathrm{e}^x$. 又 $m(0) = 1$，故 $K = 1$. 故 $m(x) = \mathrm{e}^x$，$E(N) = m(1) = \mathrm{e}$. 即和大于 1 的平均抽样次数为 e.

1.3.4 条件方差

给定 X 的条件下 Y 的条件方差定义为

$$\mathrm{Var}(Y \mid X) = E[(Y - E[Y \mid X])^2 \mid X].$$

$\mathrm{Var}(Y \mid X)$ 是 X 的函数，在 $X = x$ 时的函数值为 $\mathrm{Var}(Y \mid X = x)$. 将等式右侧展开或类比 $\mathrm{Var}(Y) = E[Y^2] - (E[Y])^2$ 可得

$$\mathrm{Var}(Y \mid X) = E[Y^2 \mid X] - (E[Y \mid X])^2.$$

两边求期望可得

$$E[\mathrm{Var}(Y \mid X)] = E[E[Y^2 \mid X]] - E[(E[Y \mid X])^2]$$
$$= E[Y^2] - E[(E[Y \mid X])^2].$$

又因为 $E[E(Y \mid X)] = E[Y]$,

$$\mathrm{Var}[E(Y \mid X)] = E[(E[Y \mid X])^2] - (E[E[Y \mid X]])^2$$
$$= E[(E[Y \mid X])^2] - [EY]^2.$$

将以上两个等式求和可得统计方差公式:

$$\mathrm{Var}[Y] = E[\mathrm{Var}(Y \mid X)] + \mathrm{Var}[E(Y \mid X)].$$

例 1.17 (随机个随机变量之和, 例 1.11 续) 求 $Y = \sum_{i=1}^{N} X_i$ 的条件均值和方差.

解 $Y = \sum_{i=1}^{N} X_i$ 的均值和方差已由矩母函数、条件期望公式算得, 由条件方差公式容易求得

$$E\Big[\sum_{i=1}^{N} X_i \mid N \Big] = NE[X],$$

$$\mathrm{Var}\Big(\sum_{i=1}^{N} X_i \mid N \Big) = N\mathrm{Var}[X].$$

$$\mathrm{Var}[Y] = \mathrm{Var}\Big(\sum_{i=1}^{N} X_i \Big) = (E[X])^2 \mathrm{Var}[N] + E[N]\mathrm{Var}[X].$$

习 题 1

1. 取 $k_1 = 470001$、$m = 999563$ (Skellam) 和初值 $w_0 = 671800$, 运用一阶线性同余法, 试用 R 编程生成 50 个 $[0,1]$ 上均匀分布的随机数.

2. 如果 $x_0 = 3$,

$$x_n = (5x_{n-1} + 7) \bmod 200,$$

求 $x_1, x_2, \cdots, x_{10}$.

3. 如果 $x_1 = 23$, $x_2 = 66$,

$$x_n = 3x_{n-1} + 5x_{n-2} \quad \bmod 100,$$

其中, $n \geqslant 3$. 求序列 $u_n = x_n / 100$, $n \geqslant 1$ 的前 14 个值.

4. 随机变量 X 的分布律为

$$P(X = i) = ic, \quad i = 1, 2, 3, 4.$$

其中, c 为常数, 求 $P(2 \leqslant X \leqslant 3)$.

5. 随机变量 X 的密度函数为

$$f(x) = 3x^2, \quad 0 < x < 1.$$

求 $P\left(X>\dfrac{1}{2}\right)$.

6. X, Y 的联合密度函数为

$$f(x, y) = 2e^{-(x+2y)}, \quad 0 < x < \infty, 0 < y < \infty.$$

求 $P(X<Y)$.

7. 求一颗均匀的骰子出现点数的方差.

8. 用矩母函数证明正态分布（伽玛分布）的可加性.

9. 用矩母函数证明：若 $X \sim N(\mu, \sigma^2)$，则 $Y \sim N(a\mu+b, a^2\sigma^2)$.

10. 随机变量 X 的矩母函数为 $M_X(t) = e^{10(e^t-1)}$，求 $P\{X=0\}$.

11. 设 X, Y 是两个参数分别为 (n, p)，(m, p) 的独立的二项分布随机变量，运用矩母函数法证明：

$$X+Y \sim b(n+m, p).$$

12. 设 X, Y 是参数分别为 λ_1, λ_2 的相互独立的泊松分布随机变量，试证明：$X+Y$ 是参数为 $\lambda_1 + \lambda_2$ 的泊松分布随机变量.

13. 若 X, Y 是相互独立且参数分别为 λ 和 μ 的指数分布随机变量，则 $\max(X, Y)$ 是否为指数分布随机变量？

14. 如果 X, Y 是独立同分布的指数分布随机变量，证明：在给定 $X+Y=t$ 的条件下，X 的条件分布是 $(0, t)$ 上的均匀分布.

15. 一个罐子装有 4 个白球和 6 个黑球，从中随机抽取 4 个球，以 X 记其中的白球数. 现从剩下的 6 个球中再随机抽 1 个，以 Y 记其中的白球数，此球若为白球，则 $Y=1$；否则 $Y=0$. 计算：

(1) $E(Y|X=2)$；

(2) $E(X|Y=1)$；

(3) $\mathrm{Var}(Y|X=0)$；

(4) $\mathrm{Var}(X|Y=1)$.

16. 根据 15 题条件，确定 $E(Y|X)$ 和 $\mathrm{Var}(Y|X)$ 的分布律.

第 2 章　模拟随机变量

根据具体的分布模拟随机变量是统计计算和模拟分析的基础. 本章介绍以下几种基本的模拟方法:

(1) 逆变换法(The Inverse Transform Method);

(2) 舍选法(The Acceptance-Rejection Technique);

(3) 合成法(The Composition Approach).

2.1　逆变换法(The Inverse Transform Method)

设随机变量 X 的分布函数为 $F_X(x)$, 分布函数的广义逆定义如下:

$$F_X^{-1}(u) = \inf\{x : F_X(x) \geqslant u\}, 0 \leqslant u \leqslant 1.$$

则有如下定理.

定理: 设 $U \sim U(0, 1)$, 则 $Y = F_X^{-1}(U)$ 的分布函数为 $F_X(x)$.

证明　由 $F_X^{-1}(u)$ 的定义以及均匀分布的分布函数, 可知

$$
\begin{aligned}
F_Y(y) &= p\{Y \leqslant y\} \\
&= p\{F_X^{-1}(U) \leqslant y\} \\
&= p\{U \leqslant F_X(y)\} \\
&= F_X(y).
\end{aligned}
$$

该定理是逆变换法的理论基础.

2.1.1　模拟离散型随机变量

假设需要产生具有如下分布律的随机变量 X 的值:

$$p\{X = x_j\} = p_j, \quad j = 0, 1, \cdots, \sum_j p_j = 1.$$

先产生 $(0, 1)$ 上的均匀分布随机数 U, 并令

$$
X = \begin{cases}
x_0, & U < p_0, \\
x_1, & p_0 \leqslant U < p_0 + p_1, \\
\vdots \\
x_j, & \sum_{i=0}^{j-1} p_i \leqslant U < \sum_{i=0}^{j} p_i, \\
\vdots
\end{cases}
$$

则 X 具有给定分布律.

该方法的原理: 若 $0 < a < b < 1$, $p\{a \leqslant U < b\} = b - a$, 则有

$$p\{X = x_j\} = p\left\{\sum_{i=0}^{j-1} p_i \leqslant U < \sum_{i=0}^{j} p_i\right\} = p_j.$$

若 x_i，$i \geqslant 0$ 是有序的，且 $x_0 < x_1 < \cdots$，又令 F 表示 X 的分布函数，就有

$$F(x_k) = \sum_{i=0}^{k} p_i.$$

反之，若 $F_{(x_{j-1})} \leqslant U < F_{(x_j)}$，则 $X = x_j$．我们是在产生均匀分布随机数 U 后，根据 U 的取值区间 $[F_{(x_{j-1})}, F_{(x_j)})$ 来确定 X 的值（相当于找分布函数 F 的逆），该法称为离散型逆变换法．

例 2.1 模拟具有如下分布律的随机变量 X：

$$p_1 = 0.20,\ p_2 = 0.15,\ p_3 = 0.25,\ p_4 = 0.4.$$

其中，$p_j = p(X = j)$．

解 算法如下：

先产生随机数 U，然后产生 X 的值．

$$
\begin{aligned}
&\text{if}\quad U < 0.2\quad \text{set}\quad X = 1\quad \text{and}\quad \text{stop}\\
&\text{if}\quad U < 0.35\quad \text{set}\quad X = 2\quad \text{and}\quad \text{stop}\\
&\text{if}\quad U < 0.6\quad \text{set}\quad X = 3\quad \text{and}\quad \text{stop}\\
&\text{otherwise}\qquad \text{set}\quad X = 4
\end{aligned}
$$

产生具有该分布的 n 个随机数的 R 程序如下：

```
n=100; X=numeric()
for (i in 1:n) {
  u=runif(1)
  if (u<0.2) X[i]=1
  else if (u<0.35) X[i]=2
  else if (u<0.6) X[i]=3
  else X[i]=4
}
```

一个更有效的算法如下：

$$
\begin{aligned}
&\text{if}\quad U < 0.40\quad \text{set}\quad X = 4\quad \text{and}\quad \text{stop}\\
&\text{if}\quad U < 0.65\quad \text{set}\quad X = 3\quad \text{and}\quad \text{stop}\\
&\text{if}\quad U < 0.85\quad \text{set}\quad X = 1\quad \text{and}\quad \text{stop}\\
&\text{otherwise}\qquad \text{set}\quad X = 2
\end{aligned}
$$

也可以采用 R 中的内置函数 sample() 来产生该随机变量 X：

```
>X=1:4
>p=c(0.2, 0.15, 0.25, 0.4)
>sample(X, 5, p=p, replace=T)
```

若要产生具有离散均匀分布的随机变量 X 的值，即

$$p\{X = j\} = \frac{1}{n},\quad j = 1, 2, \cdots, n.$$

则可运用如下算法：

$$\text{if}\quad \frac{j-1}{n} \leqslant U < \frac{j}{n}\quad \text{set}\quad X = j.$$

当 $j-1 \leqslant nU < j$ 时，$X=j$，即 $X=\mathrm{Int}(nU)+1$，其中 $\mathrm{Int}(X)=[X]$，即不大于 X 的整数部分. 对应的 R 程序为

```
U=runif(1)
X=floor(n * U)+1
```

例 2.2　（几何随机变量）假定 X 是一个具有参数 p 的几何分布随机变量，即
$$p\{X=i\} = pq^{i-1}, \quad i \geqslant 1.$$
其中，$q=1-p$. 试分析用逆变换法产生 X 的随机数的方法.

解　先产生随机数 U，当 $j \geqslant 2$ 时，因为
$$\sum_{i=1}^{j-1} p\{X=i\} = pq^0 + pq^1 + \cdots + pq^{j-2} = 1-q^{j-1},$$
要使得 $1-q^{j-1} \leqslant U < 1-q^j$，或等价地 $q^j < 1-U \leqslant q^{j-1}$，则令 $X=j$. 也可以定义 X 为
$$\begin{aligned}
X &= \min\{j : q^j < 1-U\} \\
&= \min\{j : \log q^j < \log(1-U)\} \\
&= \min\left\{j : j > \frac{\log(1-U)}{\log q}\right\} \\
&= \mathrm{Int}\left(\frac{\log(1-U)}{\log q}\right)+1 \\
&= \mathrm{Int}\left(\frac{\log U}{\log q}\right)+1.
\end{aligned}$$

产生 n 个参数为 p 的几何随机变量对应的 R 程序为

```
U=runif(n)
X=floor(log(U)/log(1-p))+1
```

例 2.3　（Poisson 分布）Poisson 随机变量 X 的分布律为
$$p_i = P(X=i) = \frac{\lambda^i}{i!} \mathrm{e}^{-\lambda}, \quad i=0, 1, \cdots.$$
试分析用逆变换法产生 X 的随机数的方法步骤.

解　利用逆变换法产生 Poisson 随机变量 X 的关键是下面的递归关系：
$$p_{i+1} = \frac{\lambda}{i+1} p_i, \quad i \geqslant 0.$$
令 $p=p_i=p\{X=i\}$，$F=F(i)=p\{X \leqslant i\}$，则用逆变换法产生 Poisson 分布随机数的算法步骤如下：

step 1：产生一个随机数 U；

step 2：$i=0$，$p=\mathrm{e}^{-\lambda}$，$F=p$；

step 3：if $U<F$，令 $X=i$，并 stop；

step 4：$p=\lambda p/(i+1)$，$F=F+p$，$i=i+1$；

step 5：返回 step 3.

产生 n 个均值为 λ 的 Poisson 分布随机数对应的 R 程序如下：

```
rpois=function(n, lambda){
  Y=rep(0, n)
  for(j  in  1:n){
```

```
        u=runif(1)
        i=0；p=exp(−lambda)；  F=p
        while （u>=F){
          p=lambda * p/(i+1)；  F=F+p；  i=i+1
      }
      Y[j]=i
    }
    Y
  }
```

当 λ 较小时，这种方法(从 0 开始搜索)很有效. 但当 λ 很大时，上述方法可以改进. 例如，令 $I=\mathrm{Int}(\lambda)$，产生随机数 U，观察是否 $U\leqslant F(I)$ 来判断是否 $X\leqslant I$. 若 $X\leqslant I$，就从 I 开始向下搜索，否则从 $I+1$ 开始向上搜索，提高抽样的效率.

例 2.4　(Binomial 分布)参数为$(n，p)$的二项分布随机变量 X 的分布律为

$$p_i = P(X=i) = \frac{n!}{i!(n-i)!} p^i (1-p)^{n-i}, \quad i = 0, 1, \cdots, n.$$

试分析用逆变换法产生 X 的随机数的方法与步骤.

解　易得递归关系为

$$p_{i+1} = \frac{n-i}{i+1} \frac{p}{1-p} p_i.$$

令 $pr=p(X=i)$，$F=p(X\leqslant i)$，则用逆变换法产生 Binomial 分布随机数的算法如下：

step 1：产生一个均匀随机数 U；

step 2：$c=p/(1-p)$，$i=0$，$pr=(1-p)^n$，$F=pr$；

step 3：if $U<F$，令 $X=i$，并 stop；

step 4：$pr=[c(n-i)/(i+1)]pr$，$F=F+pr$，$i=i+1$；

step 5：返回 step 3.

注 1：通过产生 n 个随机数 $U_1，U_2，\cdots，U_n$，并令 X 为使得$U_i\leqslant p$ 的 U_i 的个数，再将 X 看作 n 次独立试验成功的次数.

注 2：当均值 np 很大时，比较恰当的做法是先判断产生的值是否小于或等于 $I=\mathrm{Int}(np)$，或者是否大于 I. 前一种情况向下搜索，后一种情况向上搜索.

2.1.2　模拟连续型随机变量

设 $U\sim U(0，1)$，对任何连续分布函数 F，定义随机变量 X 为
$$X = F^{-1}(U).$$
则 X 具有分布函数 F.

原理：记 F_X 为 $X=F^{-1}(U)$ 的分布函数，则
$$F_X(x) = p\{X \leqslant x\} = p\{F^{-1}(U) \leqslant x\} = p\{U \leqslant F(x)\} = F(x).$$

例 2.5　设连续型随机变量 X 的密度函数为
$$p(x) = \begin{cases} c_i, & x_i \leqslant x < x_{i+1}, \quad i = 0, 1, \cdots, n-1; \\ 0, & \text{其他}. \end{cases}$$

其中，$c_i > 0$，$a = x_0 < x_1 < \cdots < x_n = b(a, b$ 可为无穷$)$，$\int_a^b p(x)\mathrm{d}x = 1$. 试分析用逆变

换法产生 X 的随机数的方法步骤.

解　令 $p_i = \int_a^{x_i} p(x)\mathrm{d}x$, $i = 0, 1, \cdots, n$, 则对任意的 x, 令 $i = \max\{j : x_j \leqslant x\}$, 则有

$$F(x) = p_i + c_i(x - x_i).$$

由 $F(x) = U$ 可解得

$$X = x_i + \frac{U - p_i}{c_i}.$$

此处 i 满足 $p_i \leqslant U < p_{i+1}$.

算法如下：

step 1：产生一个均匀随机数 U；

step 2：确定 i, 要满足 $p_i \leqslant U < p_{i+1}$；

step 3：$X = x_i + (U - p_i)/c_i$.

例 2.6　设 X 是参数为 λ 的指数随机变量，其分布函数为

$$F(x) = 1 - \mathrm{e}^{-\lambda x}.$$

试分析用逆变换法产生 X 的随机数的方法.

解　令 $X = F^{-1}(U)$, 则 $U = F(X) = 1 - \mathrm{e}^{-\lambda X}$, 解得

$$X = -\frac{1}{\lambda}\log(1 - U).$$

又因为 U 和 $1 - U$ 都服从 $(0, 1)$ 上的均匀分布，故也有

$$X = -\frac{1}{\lambda}\log U.$$

例 2.7　设 X 是 Gamma(n, λ) 随机变量，其分布函数为

$$F(x) = \int_0^x \frac{\lambda \mathrm{e}^{-\lambda y}(\lambda y)^{n-1}}{(n-1)!}\mathrm{d}y.$$

试分析用逆变法产生 X 的随机数的方法步骤.

解　其分布函数无解析形式的表达式，难以直接利用逆变换法产生 Gamma 随机变量. 但是 Gamma(n, λ) 随机变量 X 是 n 个相互独立的具有参数 λ 的指数随机变量的和，所以可以先产生 n 个相互独立参数为 λ 的指数随机变量，再产生 X.

算法如下：

step 1：产生 $U_1, U_2, \cdots, U_n$；

step 2：$X = -\dfrac{1}{\lambda}\log U_1 - \dfrac{1}{\lambda}\log U_2 - \cdots - \dfrac{1}{\lambda}\log U_n = -\dfrac{1}{\lambda}\log(U_1 U_2 \cdots U_n)$.

2.2　舍选法(The Acceptance-Rejection Technique)

舍选法是由一种分布的随机数经过筛选而得到另一种分布随机数的方法，又称筛选法. 最早由冯·诺依曼于二战期间的曼哈顿计划中因工作需要提出.

假设要模拟的随机变量 X 具有分布律或密度函数 $f(x)$，但该分布比较复杂. 可以先模拟另一个与 X 有相同取值的随机变量 Y，其分布律或密度函数 $g(y)$ 相对简单，便于抽

样. 然后以与 $f(Y)/g(Y)$ 成比例的概率接受此模拟值, 从而模拟出 X 的值.

特别地, 存在一个常数 C, 使得

$$\frac{f(t)}{g(t)} \leqslant C, \quad \forall t (\text{使得 } f(t) > 0).$$

算法如下:

step 1: 从密度函数 g 中产生一个随机数 Y;

step 2: 从 $(0, 1)$ 上产生一个随机数 U;

step 3: 如果 $U < \dfrac{f(Y)}{Cg(Y)}$, 则接受 Y, 并令 $X=Y$, 否则拒绝 Y, 并返回 step 1.

下面探讨该算法的原理. 注意在 step 3, 有

$$p(\text{accept} \mid Y=y) = p\left(U < \frac{f(Y)}{Cg(Y)} \mid Y=y\right)$$
$$= p\left(U < \frac{f(y)}{Cg(y)}\right) = \frac{f(y)}{Cg(y)}.$$

则每次产生的随机变量被接受的概率为

$$p(\text{accept}) = \sum_y p(\text{accept} \mid y) p(Y=y) = \sum_y \frac{f(y)}{Cg(y)} g(y) = \frac{1}{C}.$$

可见直到被接受的迭代次数服从均值为 C 的几何分布, 因此(在离散分布情形下, 对每个使得 $f(k) > 0$ 的 k)由贝叶斯公式, 可得

$$p(k \mid \text{accepted}) = \frac{p(\text{accepted} \mid k) g(k)}{p(\text{accepted})}$$
$$= \frac{[f(k)/(Cg(k))] g(k)}{1/C}$$
$$= f(k).$$

注: 连续情形下, 证明方法类似. 要使抽样更有效, 就要选择 $g(X)$ 便于抽样, 且选择符合条件的尽可能小的 C.

$g(X)$ 的选取有多种方法. 一种直观的方法是: 如果存在一个函数 $M(x)$, 满足 $f(x) \leqslant M(x)$, 且 $C = \int M(x) \mathrm{d}x < \infty$, 则可构造 $g(x) = \dfrac{M(x)}{C}$.

特别地, 若 X 的取值空间有限, 例如 $X \sim f(x)$, $-\infty < a \leqslant x \leqslant b < \infty$, 并设 $M = \sup f(x)$ 存在, 则可取 $C = M(b-a)$, 可构造 $g(x) = \dfrac{1}{b-a}$.

算法步骤如下:

step 1: 产生均匀随机数 U_1, U_2;

step 2: 计算 $Y = a + U_1(b-a)$;

step 3: 若 $U_2 \leqslant \dfrac{f(a+U_1(b-a))}{M}$, 则令 $X=Y$, 否则返回 step 1.

例 2.8 模拟具有如下密度函数的随机变量 X:

$$f(x) = \frac{1}{2} x^2 \mathrm{e}^{-x}, \quad x > 0.$$

解 因为没有 X 的解析形式的分布函数, 所以不适合用逆变换法. 下面运用舍选法模

拟. X 的支撑为 $(0,\infty)$，我们考虑参数为 $\frac{1}{3}$ 的指数分布，即选取密度函数：

$$g(x) = \frac{1}{3}e^{-\frac{1}{3}x}, \quad x > 0.$$

要确定 C，使得 $\frac{f(x)}{g(x)} \leqslant C$. 分析知

$$C = \max\left\{\frac{f(x)}{g(x)} : x > 0\right\}$$

$$= \max\left\{\frac{3}{2}x^2 e^{-\frac{2}{3}x} : x > 0\right\}$$

$$= \frac{27}{2e^2}.$$

计算可得

$$\frac{f(x)}{Cg(x)} = \frac{2e^2}{27}\frac{3}{2}x^2 e^{-\frac{2}{3}x} = \frac{1}{9}x^2 e^{2-\frac{2}{3}x}.$$

对应算法如下：

step 1：产生均匀随机数 U_1；

step 2：令 $Y = -3\log(U_1)$；

step 3：产生均匀随机数 U_2；

step 4：若 $U_2 \leqslant \frac{1}{9}Y^2 e^{2-\frac{2}{3}Y}$，则令 $X=Y$，否则返回 step 1.

例 2.9　（正态随机变量）设随机变量 X 服从标准正态分布，则 $Z=|X|$ 的密度函数为

$$f(z) = \frac{2}{\sqrt{2\pi}}e^{-\frac{z^2}{2}}, \quad 0 < z < \infty.$$

试分析用舍选法产生 X 的随机数的方法步骤.

解　选择参数为 1 的指数分布，即选择 $g(x)=e^{-x}$，$x>0$，易得

$$\frac{f(x)}{g(x)} = \sqrt{\frac{2}{\pi}}e^{x-\frac{x^2}{2}}, \quad 0 < x < \infty.$$

选取

$$C = \max\left\{\frac{f(x)}{g(x)} : 0 < x < \infty\right\} = \sqrt{\frac{2e}{\pi}}.$$

$$\frac{f(x)}{Cg(x)} = e^{x-\frac{x^2}{2}-\frac{1}{2}} = e^{-\frac{(x-1)^2}{2}}.$$

得到随机变量 $Z=|X|$ 后，由对称性令 X 等可能地取 Z 或 $-Z$，就得到了标准正态随机变量 X.

对应算法如下：

step 1：产生均匀随机数 U_1；

step 2：令 $Y = -\log(U_1)$；

step 3：产生均匀随机数 U_2；

step 4：若 $U_2 \leqslant e^{-\frac{(Y-1)^2}{2}}$，则令 $Z=Y$，否则返回 step 1；

step 5：产生均匀随机数 U_3，并令

$$X = \begin{cases} Z, & U_3 \leqslant 0.5, \\ -Z, & U_3 > 0.5. \end{cases}$$

例 2.10　用 Box-Muller 变换法产生正态随机变量.

解　设 X 和 Y 是相互独立的标准正态分布随机变量. 令 R 和 θ 表示向量 (X, Y) 的极坐标, 及其变换为

$$d = R^2 = X^2 + Y^2, \tan\theta = \frac{Y}{X}.$$

X 和 Y 的联合密度函数为

$$f(x, y) = \frac{1}{2\pi} e^{-\frac{x^2+y^2}{2}}.$$

为了确定 R^2 和 θ 的联合密度 $f(d, \theta)$, 做变换:

$$d = x^2 + y^2, \theta = \arctan\left(\frac{y}{x}\right).$$

其 Jaccob 行列式为

$$J = \begin{vmatrix} \dfrac{\partial d}{\partial x} & \dfrac{\partial d}{\partial y} \\ \dfrac{\partial \theta}{\partial x} & \dfrac{\partial \theta}{\partial y} \end{vmatrix} = 2.$$

R^2 和 θ 的联合密度为

$$f(d, \theta) = \frac{1}{2} \frac{1}{2\pi} e^{\frac{-d}{2}}, 0 < d < \infty, 0 < \theta < 2\pi.$$

可见 R^2 和 θ 相互独立, 且 R^2 是均值为 2 的指数分布随机变量, θ 是 $(0, 2\pi)$ 上的均匀分布随机变量.

首先根据 R^2 和 θ 的分布产生极坐标, 然后再变换到直角坐标, 从而产生一对独立同分布的标准正态随机变量.

对应算法如下:

step 1: 产生均匀随机数 U_1 和 U_2;

step 2: $R^2 = -2\log(U_1)$, $\theta = 2\pi U_2$;

step 3: 令 $X = R\cos\theta = \sqrt{-2\log U_1} \cos(2\pi U_2)$, $Y = R\sin\theta = \sqrt{-2\log U_1} \sin(2\pi U_2)$.

关于正态分布随机数, 下面介绍基于中心极限定理的另一种近似抽样法.

设 $U_i \sim U(0, 1)$, $i = 1, 2, \cdots, n$, 且它们相互独立, 由于 $E(U_i) = \frac{1}{2}$, $D(U_i) = \frac{1}{12}$, 根据中心极限定理, 当 n 较大时近似地有

$$Z = \frac{\sum\limits_{i=1}^{n} U_i - \frac{n}{2}}{\sqrt{n}\sqrt{\frac{1}{12}}} \sim N(0, 1).$$

取 $n = 12$, 近似地有

$$\sum_{i=1}^{n} U_i - 6 \sim N(0, 1).$$

也就是说, 先产生 12 个 $(0, 1)$ 区间上均匀分布随机数 $u_1, u_2, \cdots, u_{12}$, 将其求和, 再减去

6，就能近似得到一个标准正态分布随机样本.

又若 $X \sim N(\mu, \sigma^2)$，$Z \sim N(0, 1)$，利用变换 $X = \mu + \sigma Z$，就可以得到一般的正态分布随机样本.

例 2.11　用舍选法模拟具有如下分布律的随机变量 X：

X	1	2	3	4	5	6	7	8	9	10
P	0.11	0.12	0.09	0.08	0.12	0.10	0.09	0.09	0.10	0.10

解　选取具有如下均匀分布律的随机变量 Y：

Y	1	2	3	4	5	6	7	8	9	10
P	0.10	0.10	0.10	0.10	0.10	0.10	0.10	0.10	0.10	0.10

取　$C = \max\left\{\dfrac{p_j}{q_j}, j = 1, 2, \cdots, 10\right\} = 1.2.$

对应算法步骤如下：

step 1：产生均匀随机数 U_1，并令 $Y = \mathrm{Int}(10U_1) + 1$；

step 2：产生均匀随机数 U_2；

step 3：若 $U_2 \leqslant \dfrac{p_Y}{0.12}$，则令 $X = Y$，否则返回 step 1.

2.3　合成法(The Composition Approach)

如果 X 的分布 $p(x)$ 难于抽样，而 X 关于 Y 的条件分布 $p(x|y)$ 以及 Y 的分布 $g(y)$ 均易于抽样，则 X 的随机数可如下产生：

(1) 由 Y 的分布 $g(y)$ 抽取 y；

(2) 由条件分布 $p(x|y)$ 抽取 x.

特别地，假定我们有有效的办法模拟具有分布律 $p_j^{(i)} \geqslant 0$（或密度函数 $f_i(x)$）的随机变量 X_i，$i = 1, 2.$ 若 X 的分布律（或密度函数）如下：

$$p(X = j) = \alpha p_j^{(1)} + (1 - \alpha) p_j^{(2)},$$

或者

$$f(x) = \alpha f_1(x) + (1 - \alpha) f_2(x).$$

这样的随机变量 X 可以由以下方式得到：

$$X = \begin{cases} X_1, & \text{以概率 } \alpha, \\ X_2, & \text{以概率 } 1 - \alpha. \end{cases}$$

这种模拟随机变量 X 的方法称为合成法. 这种分布称为混合分布，将在第六章例 6.3 介绍 EM 算法时做详细介绍.

抽样算法步骤如下：

step 1：产生随机数 X_1；

step 2：产生随机数 X_2；

step 3：产生一个均匀随机数 U. 若 $U \leqslant \alpha$，则令 $X = X_1$，否则令 $X = X_2$.

例 2.12 模拟具有如下分布律的随机变量 X：

X	1	2	3	4	5	6	7	8	9	10
P	0.05	0.15	0.05	0.15	0.05	0.15	0.05	0.15	0.05	0.15

解 可用逆变换法抽样，下面给出合成抽样法.

令 $p_j = 0.25 p_j^{(1)} + 0.75 p_j^{(2)}$，$j = 1, 2, \cdots, 10$，其中 $p_j^{(i)}$，$i = 1, 2$ 分别是如下 X_i 的分布律：

X_1	1	3	5	7	9
P	0.2	0.2	0.2	0.2	0.2

X_2	2	4	6	8	10
P	0.2	0.2	0.2	0.2	0.2

则

$$X = \begin{cases} X_1, & \text{以概率 } 0.25; \\ X_2, & \text{以概率 } 0.75. \end{cases}$$

算法如下：

step 1：产生随机数 U_1 和 U_2；

step 2：如果 $U_1 \leqslant 0.25$，则令 $X = 2\text{Int}(5U_2) + 1$，否则令 $X = 2\text{Int}(5U_2) + 2$.

例 2.13 设随机变量 X 的密度函数为 $f(x)$，且

$$f(x) = \alpha f_1(x) + (1-\alpha) f_2(x), \quad \alpha \in (0, 1).$$

$$f_1(x) = \frac{1}{\sqrt{2\pi}\sigma_1} e^{-\frac{(x-\mu_1)^2}{2\sigma_1^2}}; \quad f_2(x) = \frac{1}{\sqrt{2\pi}\sigma_2} e^{-\frac{(x-\mu_2)^2}{2\sigma_2^2}}.$$

请给出用合成法产生 X 的随机数的方法步骤.

解 模拟算法步骤如下：

step 1：从 $N(\mu_1, \sigma_1^2)$ 产生随机数 X_1；

step 2：从 $N(\mu_2, \sigma_2^2)$ 产生随机数 X_2；

step 3：产生一个均匀随机数 U；

step 4：若 $U \leqslant \alpha$，则令 $X = X_1$，否则令 $X = X_2$.

除了前面介绍的基本的、直接的模拟方法，变换法也是常用的处理方法. 下面给出一些基本的结论：

(1) 若 $Z \sim N(0, 1)$，则 $V = Z^2 \sim \chi^2(1)$；

(2) 若 $U \sim \chi^2(m)$，$V \sim \chi^2(n)$，则 $F = \dfrac{U/m}{V/n} \sim F(m, n)$；

(3) 若 $Z \sim N(0, 1)$，$V \sim \chi^2(n)$，则 $T = \dfrac{Z}{\sqrt{V/n}} \sim t(n)$；

(4) 若 $U, V \sim U(0, 1)$，且 U 和 V 独立，则

$$Z_1 = \sqrt{-2\log U} \cos(2\pi V),$$

$$Z_2 = \sqrt{-2\log V} \sin(2\pi U).$$

是独立且分布同为的 $N(0, 1)$ 随机变量.

(5) 若 $U \sim \text{Gamma}(r, \lambda)$，$V \sim \text{Gamma}(s, \lambda)$，且 U 和 V 独立，则

$$X = \frac{U}{U+V} \sim \text{Beat}(r, s).$$

习 题 2

1. 威布尔(Weibull)分布(记为 W(m, a))的密度函数为

$$f(x) = \frac{m}{a} x^{m-1} e^{-\frac{x^m}{a}}, \ x > 0; \ m > 0, \ a > 0,$$

分布函数为 $F(x) = 1 - e^{-\frac{x^m}{a}} (x > 0)$. 用逆变换法产生随机数.

2. 柯西(Cuchy)分布的密度函数为

$$f(x) = \frac{1}{\pi(1+x^2)}, \quad -\infty < x < \infty,$$

分布函数为 $F(x) = \frac{1}{\pi} \arctan x + \frac{1}{2}$，用逆变换法产生随机数.

3. (次序统计量的分布)设 $X_1, \cdots, X_n$ 是来自 $F(x)$ 的一组样本，令 $Y = \min(X_1, \cdots, X_n)$. 试用逆变换法产生 Y 的随机数.

提示：可以通过产生 n 个来自 $F(x)$ 的独立样本并取最小的获得，但效率较低. 可由 $F_Y(y) = 1 - [1 - F(y)]^n = U$ 入手，采用逆变换法解决.

4. X 的分布律如下：

$$p(X = 1) = 0.15, \ p(X = 2) = 0.3, \ p(X = 3) = 0.35, \ p(X = 4) = 0.2.$$

给出有效模拟该随机变量的方法及步骤.

5. 参数为 (r, p) 的负二项分布的分布律如下：

$$P_j = \frac{(j-1)!}{(j-r)!(r-1)!} P^r (1-p)^{j-r}, \quad j = r, r+1, \cdots.$$

其中 r 为正整数，$0 < P < 1$.

(1) 利用负二项分布与几何分布的关系，给出模拟负二项分布随机数的方法及步骤；

(2) 验证

$$P_{j+1} = \frac{j(1-P)}{j+1-r} P_j,$$

并利用该递归关系，给出模拟负二项分布随机数的方法及步骤.

6. 给出具有如下密度函数的随机变量的方法.

(1) $f(x) = \frac{e^x}{e-1}$，$0 \leqslant x \leqslant 1$；

(2) $f(x) = \begin{cases} \dfrac{x-2}{2}, & 2 \leqslant x \leqslant 3; \\ \dfrac{2-x/3}{2}, & 3 \leqslant x \leqslant 6. \end{cases}$

7. 用逆变换法生成具有如下分布函数的随机变量.

(1) $F(x) = \frac{x^2+x}{2}$，$0 \leqslant x \leqslant 1$.

(2) $F(x)=x^n$, $0<x<1$.

8. 给出具有如下密度函数的随机变量的方法：

$$f(x) = \begin{cases} e^{2x}, & -\infty < x < 0; \\ e^{-2x}, & 0 < x < \infty. \end{cases}$$

9. 设 X 为均值为 1 的指数分布随机变量. 给出模拟分布为给定 $X<0.05$ 下 X 的条件分布的随机变量的有效方法，其密度函数为

$$f(x) = \frac{e^{-x}}{1-e^{-0.05}}, \quad 0 < x < 0.05.$$

生成 1000 个这样的随机数，并用其估计 $E(X \mid X<0.05)$，并计算 $E(X \mid X<0.05)$ 的理论值.

10. （合成法）假设容易产生分布函数为 F_i，$i=1,2,\cdots,n$ 的随机变量. 如何产生分布函数为

$$F(x) = \sum_{i=1}^{n} P_i F_i(x)$$

的随机变量？其中，$P_i \geqslant 0$，且 $\sum_{i=1}^{n} P_i = 1$.

11. 给出具有如下分布函数的随机变量的方法：

(1) $F(x) = \dfrac{x+x^3+x^5}{3}$，$0 \leqslant x \leqslant 1$.

(2) $F(x) = \sum_{i=1}^{n} \alpha_i x^i$，$0 \leqslant x \leqslant 1$，其中 $\alpha_i \geqslant 0$，$\sum_{i=1}^{n} \alpha_i = 1$.

12. 讨论密度函数：

$$f(x) = xe^{-x}, \quad 0 < x < \infty$$

的不同的随机数生成方法.

13. 给出密度函数为

$$f(x) = \frac{1}{0.000336} x(1-x)^3, \quad 0.8 < x < 1$$

的随机数生成方法.

14. 讨论如下分布函数不同的随机数生成方法：

$$F(x) = x^n, \quad 0 \leqslant x \leqslant 1.$$

15. 用筛选法生成密度函数为

$$f(x) = 20x(1-x)^3, \quad 0 < x < 1$$

的随机变量.

第 3 章　有效抽样次数与蒙特卡罗积分

模拟研究或统计应用中，得到观测数据后，就要对模型涉及参数 θ 进行估计，如果达不到指定的精度，就需要加大样本量. 为了避免大量抽样带来的困难，就要研究在一定信度下所需要的抽样次数.

模拟是指把某一现实的或抽象的系统的某种特征或部分状态，用另一系统(称为模拟模型)来代替或模拟. 为了解决某问题，首先需要把它变成一个概率统计模型的求解问题，然后产生符合模型的大量随机数，最后对产生的随机数进行分析从而求解问题，这种方法叫做随机模拟方法，又称为 Monte Carlo(蒙特卡罗)方法.

科学技术问题有确定性问题和随机性问题，确定性问题诸如代数方程、偏微分方程、积分方程和积分. 许多非随机的问题也可以通过概率模型引入随机变量，将其转化为求随机问题. 随机模拟解决非随机问题的典型代表是计算定积分，称为蒙特卡罗积分. 蒙特卡罗积分算法简单且对维数增加不敏感. 在计算定积分时，如果使用传统数值算法，维数增加会造成计算时间呈指数增加，但是如果使用蒙特卡罗方法计算，影响不大.

本章分为有效模拟次数的确定和蒙特卡罗积分两个部分，蒙特卡罗积分部分又分为理论基础介绍，一维蒙特卡罗积分，高维蒙特卡罗积分，蒙特卡罗积分应用四个小节.

3.1　有效抽样次数

假设 X_1, X_2, $\cdots$, X_n 是一组独立同分布的样本. 令 μ 和 σ^2 分别表示均值和方差，即 $\mu = \mathrm{E}(X_i)$ 以及 $\sigma^2 = \mathrm{Var}(X_i)$. 令

$$\bar{X} = \frac{1}{n} \sum_{i=1}^{n} X_i,$$

表示样本均值. 当总体均值 μ 未知时，我们经常用样本均值对其进行估计. 易知

$$E(\bar{X}) = \mu,$$

$$\mathrm{Var}(\bar{X}) = E\left[(\bar{X} - E(\bar{X}))^2 \right] = \frac{\sigma^2}{n}.$$

可见 $\bar{X}$ 是 μ 的无偏估计，且当 $\sigma/\sqrt{n}$ 越小时，$\bar{X}$ 对 μ 的估计越有效.

但由于总体方差 σ^2 通常是未知的，无法直接用 $\sigma/\sqrt{n}$ 来衡量 n 个数据的样本均值估计总体的误差标准，从而需要估计 σ^2. 通常用样本方差

$$S^2 = \frac{1}{n-1} \sum_{i=1}^{n} (X_i - \bar{X})^2,$$

估计 σ^2. 且 S^2 是 σ^2 的无偏估计，理由如下：

$$E(S^2) = \frac{1}{n-1}E\left[\sum_{i=1}^{n}(X_i - \bar{X})^2\right]$$

$$= \frac{1}{n-1}E\left[\sum_{i=1}^{n}X_i^2 - n\bar{X}^2\right]$$

$$= \frac{1}{n-1}\left[\sum_{i=1}^{n}E(X_i^2) - nE(\bar{X}^2)\right]$$

$$= \frac{1}{n-1}\left[\sum_{i=1}^{n}(\sigma^2 + \mu^2) - n[\mathrm{Var}(\bar{X}) + (E(\bar{X}))^2]\right]$$

$$= \frac{1}{n-1}\left[n(\sigma^2 + \mu^2) - n\left[\frac{\sigma^2}{n} + \mu^2\right]\right]$$

$$= \sigma^2.$$

假设已经拥有若干个 X_i 的值,目标是估计 $\mu = E(X_i)$,并要确保在给定的置信度 $1-\alpha$ 下达到指定的精度. 首先选择一个恰当的正数 d,例如,d 是估计量 $\bar{X}$ 的标准差. 我们将连续产生新的随机数,直到产生的 n 个数据的值满足 $\frac{S}{\sqrt{n}} \leqslant d$.

确定何时终止产生新数据的算法:

step 1:选择一个适当的正数 d 作为估计量的标准误差;

step 2:至少产生 100 个数;

step 3:连续产生新的随机数,直到 k 个数据且 $\frac{S}{\sqrt{k}} \leqslant d$ 时停止,S 是这 k 个数据对应的样本标准差;

step 4:μ 的估计量 $\bar{X} = \frac{1}{k}\sum_{i=1}^{k}X_i$.

例 3.1　连续产生标准正态随机变量直到 n 个为止,其中 $n \geqslant 100$ 且满足 $\frac{S}{\sqrt{k}} \leqslant 0.01$. n 为多少?

解　根据上面的算法步骤,下面给出 R 代码:

```
example1 = function(d){
  x = rnorm(100); k = 100
  wh-ile(sd(x)/sqrt(length(x)) >= d){
    k = k+1; x[k] = rnorm(1)
  }
  k
}
example1(0.01)
```

运行结果为

```
> example1(0.01)
[1] 10070
```

即要满足 $d = 0.01$ 的精度要求,本次模拟中大约要抽样 10070 次.

以上算法对每次产生的新随机数都需要重新验算 $\frac{S}{\sqrt{k}} \leqslant d$，效率比较低，下面对其改进.

考虑序列 X_1，X_2，$\cdots$，并令

$$\overline{X_j} = \frac{1}{j}\sum_{i=1}^{j}X_i, \quad S_j^2 = \frac{1}{j-1}\sum_{i=1}^{j}(X_i-\overline{X_j})^2, \quad j \geqslant 2,$$

分别表示前 j 个数据的样本均值和样本方差.

令 $S_1^2 = 0$，$\overline{X_0} = 0$，下面结论给出了连续计算样本均值和样本方差的递归公式：

$$\overline{X_{j+1}} = \overline{X_j} + \frac{X_{j+1} - \overline{X_j}}{j+1}, \tag{3.1}$$

$$S_{j+1}^2 = \left(1 - \frac{1}{j}\right)S_j^2 + (j+1)(\overline{X_{j+1}} - \overline{X_j})^2. \tag{3.2}$$

证明

$$\bar{X}_{j+1} = \frac{\sum_{i=1}^{j+1}X_i}{j+1} = \frac{\sum_{i=1}^{j}X_i + X_{j+1}}{j+1} = \frac{j}{j+1}\bar{X}_j + \frac{X_{j+1}}{j+1} = \bar{X}_j + \frac{X_{j+1} - \bar{X}_j}{j+1}.$$

$$S_{j+1}^2 = \frac{1}{j}\sum_{i=1}^{j+1}(X_i - \bar{X}_{j+1})^2$$

$$= \frac{1}{j}\sum_{i=1}^{j+1}\left(X_i - \bar{X}_j - \frac{X_{j+1} - \bar{X}_j}{j+1}\right)^2$$

$$= \frac{1}{j}\sum_{i=1}^{j+1}\left[(X_i - \bar{X}_j)^2 - 2\frac{(X_i - \bar{X}_j)(X_{j+1} - \bar{X}_j)}{j+1} + \frac{(X_{j+1} - \bar{X}_j)^2}{(j+1)^2}\right]$$

$$= \frac{j-1}{j}\sum_{i=1}^{j}\frac{(X_i - \bar{X}_j)^2}{j-1} + \frac{1}{j}(X_{j+1} - \bar{X}_j)^2$$

$$\quad - 2\frac{(X_{j+1} - \bar{X}_j)}{j(j+1)}\sum_{i=1}^{j+1}(X_i - \bar{X}_j) + \frac{1}{j(j+1)^2}\sum_{i=1}^{j+1}(X_{j+1} - \bar{X}_j)^2$$

$$= \frac{j-1}{j}S_j^2 + \frac{1}{j}(X_{j+1} - \bar{X}_j)^2 - 2\frac{(X_{j+1} - \bar{X}_j)^2}{j(j+1)} + \frac{(X_{j+1} - \bar{X}_j)^2}{j(j+1)}$$

$$= \frac{j-1}{j}S_j^2 + \left[\frac{1}{j} - \frac{1}{j(j+1)}\right][(j+1)(\bar{X}_{j+1} - \bar{X}_j)]^2$$

$$= \left(1 - \frac{1}{j}\right)S_j^2 + (j+1)(\bar{X}_{j+1} - \bar{X}_j)^2.$$

例 3.2　用改进的算法再考虑例 3.1 的问题，并用 R 编程实现.

解　利用均值和方差递归公式，重新编写 R 代码如下：

```
example2 = function(d){
  x = rnorm(100)；k = 100
  ss = 0；xbar = x[1]
  for (j in 1：(k-1)){
    xbar[j+1] = xbar[j] + (x[j+1] - xbar[j])/(j+1)
    ss[j+1] = (1-1/j) * ss[j] + (j+1) * (xbar[j+1] - xbar[j])^2
  }
  repeat{
```

```
    k=k+1
    x[k]=rnorm(1)
    xbar[k]=xbar[k-1]+(x[k]-xbar[k-1])/k
    ss[k]=(1-1/(k-1))*ss[k-1]+k*(xbar[k]-xbar[k-1])^2
  if (sqrt(ss[k]/length(x))<d) break
  }
  k
}
example2(0.01)
```

运行结果为

```
> example2(0.01)
[1] 10144
```

即要满足 $d=0.01$ 的精度要求，本次模拟中大约要抽样 10144 次. 抽样量和例 3.1 相当，但用 R 中的 system. time()耗时测算函数，同样的精度要求 $d=0.01$，例 3.2 中改进后的算法比例 3.1 中的直接算法快将近 30%.

　　如果随机变量的方差是期望的函数，例如(0-1)分布，模拟时可以对上述算法进行修正. 即假设产生随机变量 X 使得

$$X_i = \begin{cases} 1, & \text{以概率 } P; \\ 0, & \text{以概率 } 1-P. \end{cases}$$

并假设我们对估计 p 感兴趣. 因为 $\mathrm{Var}(X_i)=p(1-p)$，所以就不必用样本方差估计 $\mathrm{Var}(X_i)$. 自然可以取 $\mathrm{Var}(X_i)$ 的估计为 $\overline{X_n}(1-\overline{X_n})$.

3.2　蒙特卡罗积分

　　蒙特卡罗积分的理论支撑是大数定律，确切地讲随机投点法和平均值法分别依据了伯努利大数定律和辛钦大数定律. 故蒙特卡罗积分也称为大数定律积分法.

3.2.1　理论基础

　　大数定律描述了随机变量序列 $\{X_i\}$ 的平均值依概率收敛于其数学期望平均值. 具体表示为，对于任意给定的 $\varepsilon>0$，有

$$\lim_{n \to \infty} P\left\{ \left| \frac{1}{n}\sum_{i=1}^{n} X_i - \frac{1}{n}\sum_{i=1}^{n} E(X_i) \right| < \varepsilon \right\} = 1.$$

　　大数定律正是利用随机变量序列平均值与数学期望平均值之间的这种依概率收敛关系，给出积分的估计值.

　　伯努利大数定律：设 μ_n 为 n 重伯努利实验中事件 A 发生的次数，p 为 A 在每次实验中发生的概率，对于任意给定的 $\varepsilon>0$，有

$$\lim_{n \to \infty} P\left\{ \left| \frac{\mu_n}{n} - p \right| < \varepsilon \right\} = 1.$$

　　伯努利大数定律揭示了频率依概率收敛到概率的统计规律性. 将积分问题转化为面积或体积计算问题，构造一个参考区域或体域，进而转化为比例问题、概率问题，然后用随

机试验的方法通过投点法求解.

辛钦大数定律：设 $\{X_i,\ i=1,\ \cdots,\ n,\ \cdots\}$ 为独立同分布的随机变量序列，设 $E(X_i)=\mu$，对于任意给定的 $\varepsilon>0$，有

$$\lim_{n\to\infty}P\left\{\left|\frac{1}{n}\sum_{i=1}^{n}X_i-\mu\right|<\varepsilon\right\}=1.$$

辛钦大数定律揭示了随机变量的数学期望可以用样本均值来近似的统计规律性. 通过选取密度函数，将积分问题转化为期望计算问题，然后根据选定的密度函数抽样，计算相应的样本均值即可.

3.2.2　一维蒙特卡罗积分

下面介绍蒙特卡罗积分中的随机投点法和平均值法.

1. 随机投点法

设定义在有限区间 $[a,b]$ 上的函数 $f(x)$ 有界，$0\leqslant f(x)\leqslant M$，要计算

$$\theta=\int_a^b f(x)\mathrm{d}x.$$

如图 3.1 所示，计算曲线 $f(x)$ 下区域 $\Omega=\{(x,y)\colon a\leqslant x\leqslant b,\ 0\leqslant y\leqslant f(x)\}$ 的面积.

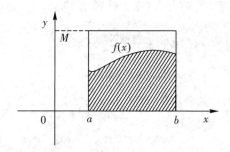

图 3.1　随机投点法积分示意图

向 $D=[a,b]\times[0,M]$ 中进行随机投点，若落在曲线 $y=f(x)$ 的下方（或区域 Ω 中），计为 1，否则计为 0. 若进行 n 次投点，得随机点 $Z_1,\ Z_2,\ \cdots,\ Z_n,\ Z_i=(X_i,\ Y_i),\ i=1,2,\ \cdots,\ n.$ 令

$$\xi_i=\begin{cases}1,\ Z_i\in\Omega;\\0,\ \text{其他}.\end{cases}$$

则 $\{\xi_i\}$ 是独立重复实验结果，$\xi_i\sim B(1,\ p)$，

$$P=P\{Z_i\in\Omega\}=\frac{S(\Omega)}{S(D)}=\frac{\theta}{M(b-a)},$$

其中，$S(\ )$ 表示区域面积.

若 n_0 表示取 1 的次数，由 $\theta=pM(b-a)$ 可以得到 θ 的一个估计

$$\hat{\theta}=\hat{p}M(b-a). \tag{3.3}$$

这种方法叫做随机投点法. 这样计算的定积分有随机性，误差中包含了随机模拟误差.

由大数定律知

$$\hat{p}=\frac{n_0}{n}=\frac{\sum\xi_i}{n}\to p\quad(n\to\infty),$$

$$\hat{\theta} = \frac{\sum \xi_i}{n} M(b-a) \rightarrow pM(b-a) = \theta \quad (n \rightarrow \infty).$$

即 $n \rightarrow \infty$ 时，精度可以无限提高.

2. 平均值法

对于积分 $\theta = \int_a^b f(x) \mathrm{d}x$，随机投点法简单易行，但效率较低，另一种更加高效的方法是求样本均值的估计方法. 将原积分变形

$$\theta = \int_a^b f(x) \mathrm{d}x = \int_a^b \frac{f(x)}{g(x)} g(x) \mathrm{d}x = E \left[\frac{f(X)}{g(X)} \right].$$

其中，$g(x)$ 是定义在区间 $[a, b]$ 上的密度函数. 通过上面的处理，将积分问题转化为一个随机变量函数的期望计算问题. 为方便计，下面的讨论取 $X \sim U(a, b)$，则

$$\theta = (b-a)E[f(X)].$$

设 $x_1, x_2, \cdots, x_n$ 是来自 $U(a, b)$ 的随机数，对应可得 $y_i = f(x_i)$，$i = 1, 2, \cdots, n$，根据大数定律，有

$$\frac{1}{n} \sum_{i=1}^n f(x_i) \rightarrow E[f(X)] \quad (n \rightarrow \infty).$$

故有

$$\tilde{\theta} = \frac{b-a}{n} \sum_{i=1}^n f(x_i), \tag{3.4}$$

是 θ 的无偏估计，称这种计算定积分的方法为平均值法.

若积分区间是无穷区间，如要求 $\int_0^\infty f(x) \mathrm{d}x$，可通过积分变换，将积分区间变换为有限区间. 令 $t = \dfrac{1}{x+1}$，则

$$\int_0^\infty f(x) \mathrm{d}x = \int_0^1 f\left(\frac{1}{t} - 1\right) \frac{1}{t^2} \mathrm{d}t.$$

特别地，设 $f(x)$ 是一个函数，计算

$$\theta = \int_0^1 f(x) \mathrm{d}x.$$

注意到若 U 在 $(0, 1)$ 上服从均匀分布，则

$$\theta = E[f(U)].$$

产生 n 个随机数 $U_1, U_2, \cdots, U_n$，利用大数定律，以概率 1 有

$$\frac{1}{n} \sum_{i=1}^n f(U_i) \rightarrow E[f(U)], \quad (n \rightarrow \infty).$$

3.2.3　高维蒙特卡罗积分

用于求一元定积分的随机投点法和平均值法易于推广到多元情形，称为高维蒙特卡罗积分. 设 d 元函数 $f(x_1, x_2, \cdots, x_d)$ 定义于超矩形

$$C = \{(x_1, x_2, \cdots, x_d) : a_i \leqslant x_i \leqslant b_i, i = 1, 2, \cdots, d\},$$

且

$$0 \leqslant f(x_1, x_2, \cdots, x_d) \leqslant M, \quad \forall x \in C.$$

令

$$D = \{(x_1, x_2, \cdots, x_d, y) : (x_1, x_2, \cdots, x_d) \in C, 0 \leqslant y \leqslant M\},$$

$$\Omega = \{(x_1, x_2, \cdots, x_d, y) : (x_1, x_2, \cdots, x_d) \in C, 0 \leqslant y \leqslant f(x_1, \cdots, x_d)\}.$$

1. 高维定积分——投点法

计算 d 维积分

$$\theta = \int_{a_1}^{b_1} \cdots \int_{a_d}^{b_d} f(x_1, \cdots, x_d) \mathrm{d}x_1 \cdots \mathrm{d}x_d,$$

产生服从 $d+1$ 维空间中的超矩形 D 中的均匀分布的独立样本 $Z_1, Z_2, \cdots, Z_n$, $Z_i = (X_{i_1}, \cdots, X_{i_d}, Y_i)$, $i=1, 2, \cdots, n$. 向 D 中随机投点, 若落在区域 Ω 中, 计为 1, 否则计为 0.

$$\xi_i = \begin{cases} 1, Z_i \in \Omega; \\ 0, Z_i \in D - \Omega. \end{cases}$$

则 $\{\xi_i\}$ 是独立重复实验结果, $\xi_i \sim b(1, p)$,

$$P = P\{Z_i \in \Omega\} = \frac{V(\Omega)}{V(D)} = \frac{\theta}{MV(C)} = \frac{\theta}{M \prod\limits_{j=1}^{d} (b_j - a_j)},$$

其中, $V(\ )$ 表示区域体积. 若 n_0 表示取 1 的次数, 由上式可以得到 θ 的一个估计

$$\hat{\theta} = \hat{p} M \prod_{j=1}^{d} (b_j - a_j).$$

由大数定律知

$$\hat{p} = \frac{n_0}{n} = \frac{\sum \xi_i}{n} \to p, \quad (n \to \infty),$$

$$\hat{\theta} = \hat{p} M \prod_{j=1}^{d} (b_j - a_j) \to p M \prod_{j=1}^{d} (b_j - a_j) = \theta, \quad (n \to \infty).$$

作为 θ 的估计量, 由大数定律知 $\hat{\theta}$ 是无偏估计. 该方法称为计算高维定积分的随机投点法.

2. 高维定积分——平均值法

高维定积分也可以通过估计 $E[f(X)]$ 来得到, 其中 X 服从 R^d 中超矩形 C 上的均匀分布. 设 $x_1, x_2, \cdots, x_n$ 是来自 $U(C)$ 的随机数, 对应可得 $f(x_i)$, $i=1, 2, \cdots, n$,

$$E[f(X)] = \int_{a_1}^{b_1} \cdots \int_{a_d}^{b_d} f(x_1, \cdots, x_d) \frac{1}{\prod\limits_{j=1}^{d} (b_j - a_j)} \mathrm{d}x_1 \cdots \mathrm{d}x_d = \frac{\theta}{\prod\limits_{j=1}^{d} (b_j - a_j)},$$

可得 θ 的估计量

$$\tilde{\theta} = \prod_{j=1}^{d} (b_j - a_j) \frac{1}{n} \sum_{i=1}^{n} f(x_i).$$

由大数定律知估计量 $\tilde{\theta}$ 是 θ 的无偏估计.

3.2.4　蒙特卡罗积分的应用

随机数的最早应用之一就是积分计算. 下面分别介绍几个用投点法和样本均值法计算积分的例子.

例 3.3   用投点法估计积分 $\int_0^1 \frac{\sin x}{x} \mathrm{d}x$.

解   该积分被积函数 $\frac{\sin x}{x}$ 没有初等形式的原函数，无法用牛顿—莱布兹公式求解，但用 Monte Carlo 方法，容易得到积分的估计值.

根据投点法的方法步骤，给出 R 程序如下：

```
n=1000
x=runif(n); y=runif(n)
g<−function(x)  sin(x)/x
length(x[y<=g(x)])/n
```

结果为 0.937. 也可采用 R 函数 integrate(f, a, b)，来计算积分. 用 integrate(g, 0, 1)得到 0.9460831. 二者结果比较接近. 若将样本量增加到 $n=10000$，结果为 0.943，与内置函数的结果就更接近了.

例 3.4   用投点法估计积分 $\int_0^1 (\cos 50x + \sin 20x)^2 \mathrm{d}x$.

解   用投点法估计积分的 R 程序如下：

```
set. seed(3)
n=10000
x=runif(n); y=runif(n, 0,4)
g<−function(x) {(cos(50 * x)+sin(20 * x))^2}
p<−length(x[y<=g(x)])/n
I<−4 * p; I
```

结果为 0.9672. 用 integrate(f, a, b)来计算积分，结果为 0.9652009. 运用牛顿—莱布兹法可算得结果近似为 0.9652.

由定积分的几何意义，积分结果为被积函数曲线与 x 轴围成的区域面积. 被积函数为多峰函数，分布形式比较复杂. 如图 3.2 所示，本次模拟实验中，根据投点法的原理，向 $D=[0, 1]\times[0, 4]$ 中随机投 10000 个点，落在曲线 $y=g(x)$ 的下方共 2362 个点. 用落入曲线 $y=g(x)$ 的下方点的比率乘以区域 D 的面积作为所求积分的近似估计，得到估计值 0.9672.

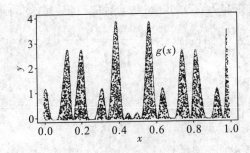

图 3.2   随机投点积分示意图

例 3.5   用平均值法估计积分 $\int_{-2}^2 \mathrm{e}^{x+x^2} \mathrm{d}x$.

解   用平均值法估计积分的 R 程序如下：

```
    set. seed(4)
    f1=function(n,a,b,f){
      X=runif(n)
      sum((b-a) * f(a+(b-a) * X))/length(X)
    }
    n=100000；a=-2；b=2
    f=function(x){exp(x+x^2)}
    f1(n,a,b,f)


    integrate(f,a,b)


   > f1(n,a,b,f)
  [1] 92.65971
  > integrate(f,a,b)
  93.16275 with absolute error < 0.00062
```

结果为 92.65971. 用函数 integrate(f, a, b)计算结果为 93.16275.

例 3.6　用平均值法估计二重积分$\int_0^1 \int_0^1 e^{(x+y)^2} dxdy$.

解　这是一个高维定积分的计算问题，根据高维定积分的平均值估计法算法步骤，给出如下 R 程序：

```
x=runif(100000, 0, 1)
y=runif(100000, 0, 1)
f=function(x, y){exp((x+y)^2)}
sum(f(x, y))/length(x)
```

本次估计结果为 4.882296.

习　题　3

1. 连续产生参数为 1 的指数分布随机数 $n(\geqslant 100)$个，满足$\dfrac{s}{\sqrt{n}} \geqslant 0.01$，$s$是这 n 个样本值的标准差. 此时样本均值和样本方差各为多少？将它们与理论值作比较.

2. 试用不同的方法证明方差递归公式(3.2).

3. (π 的估计) 分别用投点法和平均值法估计
$$\int_0^1 \sqrt{1-x^2}\, dx.$$

4. 分别用投点法和平均值法估计
$$\int_2^4 e^{-x}\, dx.$$

5. 分别用投点法和平均值法估计
$$\int_0^{\frac{\pi}{3}} \sin t\, dt.$$

6. 用蒙特卡罗积分法估计

(1) $\int_0^1 e^{e^x} dx$.

(2) $\int_0^\infty x(1+x^2)^{-2} dx$.

7. 用投点法估计二重积分 $\int_0^1 \int_0^1 e^{(x+y)^2} dxdy$.

8. 用模拟方法估计 $Cov(U, e^U)$，其中 $U \sim U(0, 1)$，并与精确值比较.

第 4 章　方差减少技术

蒙特卡罗方法的方差来源于随机模拟过程的偶然性和突变性. 消除偶然性,用平缓过程替代突变过程,可以降低方差. 基本原则:凡能解析处理的就不用随机抽样. 估计值问题蒙特卡罗模拟,决定统计量估计值方差大小的直接因素主要有随机变量和随机过程的概率分布、统计量和模拟统计特征,不同的概率分布、统计量和统计特性,将有不同的方差. 降低或减少方差技术的原理就是改变和选择概率分布、统计量和统计特性,达到减少方差的目的.

所谓方差减少技术,是指通用性比较强、应用范围比较广地降低估计方差的技术、技巧或方法. 从降低方差原理的不同角度,有以下几类常用的减少方差技术:

(1) 只改变概率分布. 重要抽样法就是把概率分布改变为重要概率分布,分层抽样法是把整层概率分布改为分层概率分布.

(2) 只改变统计量. 如对偶变量法、控制变量法、公共随机数和样本分裂.

(3) 同时改变概率分布和统计量. 如条件期望法.

(4) 只改变统计特性. 半解析是将蒙特卡罗方法与解析方法相结合,通过解析方法把部分随机特性改变为确定特性,系统抽样和模拟蒙特卡罗方法就是把随机数改变为非随机数.

当单独使用一种技术减少方差效果不够理想时,可以考虑采用组合技巧. 如重要抽样和分层抽样组合,条件期望和分层抽样组合,条件期望、分层抽样和对偶变量组合等.

4.1　随机投点法和样本均值法的精度比较

考虑定积分

$$\theta = \int_a^b f(x)\mathrm{d}x.$$

其实许多问题,如概率计算、各阶矩等,最终都归结为定积分的计算问题. 下面给出分别利用随机投点法和平均值法计算定积分. 当然还有一些比较复杂而更有效的蒙特卡罗方法.

根据第 3 章介绍的蒙特卡罗积分的随机投点法,由式(3.3)得到 θ 的一个估计

$$\hat{\theta}_1 = \hat{\theta} = M(b-a)\frac{n_0}{n}.$$

因为每次投点结果服从二点分布,故有 $n_0 \sim b(n, P)$,其中 $P = \dfrac{\theta}{M(b-a)}$. 易知 $\hat{\theta}_1$ 是 θ 的无偏估计,其方差为

$$\mathrm{Var}(\hat{\theta}_1) = \frac{M^2(b-a)^2}{n^2}\mathrm{Var}(n_0) = \frac{\theta}{n}[M(b-a)-\theta].$$

根据样本均值法, 由式(3.4)得到 θ 的另一个估计为

$$\hat{\theta}_2 = \tilde{\theta} = \frac{1}{n}\sum_{i=1}^{n}\frac{f(X_i)}{g(X_i)} = \frac{b-a}{n}\sum_{i=1}^{n}f(X_i).$$

易知 $\hat{\theta}_2$ 是 θ 的无偏估计, 且可以求得 $\hat{\theta}_2$ 的方差为

$$\begin{aligned}
\mathrm{Var}(\hat{\theta}_2) &= \mathrm{Var}\left[\frac{1}{n}(b-a)\sum_{i=1}^{n}f(x_i)\right] \\
&= \frac{1}{n}\left[(b-a)^2\int_a^b f^2(x)\,\frac{1}{b-a}\mathrm{d}x - \theta^2\right] \\
&= \frac{1}{n}\left[(b-a)\int_a^b f^2(x)\mathrm{d}x - \theta^2\right].
\end{aligned}$$

在假定 $0\leqslant f(x)\leqslant M$ 下, 可证 $\mathrm{Var}(\hat{\theta}_2)\leqslant\mathrm{Var}(\hat{\theta}_1)$.

$$\begin{aligned}
\mathrm{Var}(\hat{\theta}_1) - \mathrm{Var}(\hat{\theta}_2) &= \frac{\theta}{n}\left[M(b-a)-\theta\right] - \frac{1}{n}\left[(b-a)\int_a^b f^2(x)\mathrm{d}x - \theta^2\right] \\
&= \frac{M(b-a)}{n}\left[\theta - \int_a^b \frac{f^2(x)}{M}\mathrm{d}x\right] \\
&\geqslant \frac{M(b-a)}{n}\left[\theta - \int_a^b f(x)\mathrm{d}x\right] \\
&= 0.
\end{aligned}$$

可见, 样本均值法比随机投点法更有效. 这涉及 Monte Carlo 方法一类重要的研究课题, 即考虑降低估计方差的技术. 本章后面各节将介绍一些常用的方差减少技术.

4.2 重要抽样法

先通过蒙特卡罗积分介绍重要抽样法的基本思想. 从随机投点法和样本平均法计算定积分 θ 可见, 尽管都是无偏估计, 但二者的效(方差)不同. 自然的问题: 是否有比样本均值法更好的蒙特卡罗方法, 其方差比 $\hat{\theta}_2$ 的方差还要小. 下面先考虑重要抽样法.

4.2.1 重要抽样法介绍

根据样本均值法知, 对于任一密度函数 $g(x)$,

$$\theta = \int_a^b \frac{f(x)}{g(x)}g(x)\mathrm{d}x = E_g\left[\frac{f(X)}{g(X)}\right].$$

假定 $X_1, X_2, \cdots, X_n$ 是一组来自 $g(x)$ 的样本, 则有 θ 的估计

$$\hat{\theta} = \frac{1}{n}\sum_{i=1}^{n}\frac{f(X_i)}{g(X_i)}.$$

$\hat{\theta}$ 是无偏的, 方差与 $g(x)$ 有关. 问题变为: 如何选择 $g(x)$ 使得 $\hat{\theta}$ 的方差最小?

理论上

$$\mathrm{Var}(\hat{\theta}) = \frac{1}{n}\left[E_g\left(\frac{f(X)}{g(X)}\right)^2 - \theta^2\right].$$

若 $f(x)\geqslant 0$, 取 $g(x) = \frac{f(x)}{\theta}$, 则有 $\mathrm{Var}(\hat{\theta})=0$. 但由于 θ 未知, 这个结果没有实质意义. 虽

然不能取 $g(x) = \dfrac{f(x)}{\theta}$，但在思路上给我们启发：$g(x)$ 与 $f(x)$ 形状接近能够降低估计方差. 这便是重要抽样法的基本思想.

样本均值法给出的 $\hat{\theta}_2$ 是采用均匀抽样，各 X_i 是均匀分布随机数，它们对 $\hat{\theta}_2$ 的贡献是不同的，$f(X_i)$ 大则贡献大，但是这种差别在抽样时并未体现出来，故而效率不会很高. 要达到同样的精度就需要较多的抽样次数. 重要抽样法则希望贡献率大的随机数出现的概率大，贡献率小的随机数出现的概率小，从而提高抽样的效.

例 4.1　考虑积分 $\theta = \displaystyle\int_0^1 \mathrm{e}^x \mathrm{d}x$. θ 的精确值为 $\mathrm{e}-1$，为了说明重要抽样法，下面采用蒙特卡罗方法估计 θ.

先考虑样本均值法. 产生 n 个 $U(0,1)$ 上的随机数 $X_1, X_2, \cdots, X_n$，则 $\hat{\theta} = \dfrac{1}{n}\displaystyle\sum_{i=1}^n \mathrm{e}^{X_i}$，且 $E(\hat{\theta}) = \theta$，

$$
\begin{aligned}
\mathrm{Var}(\hat{\theta}) &= \frac{1}{n}\left[\int_0^1 \mathrm{e}^{2x}\mathrm{d}x - (\mathrm{e}-1)^2\right] \\
&= \frac{1}{n}\left[\frac{1}{2}(\mathrm{e}^2-1) - (\mathrm{e}-1)^2\right] \\
&= \frac{0.242}{n}.
\end{aligned}
$$

根据重要抽样法的思想，要选一个与 e^x 相似的密度函数. 由泰勒展开式，

$$
\mathrm{e}^x = 1 + x + \frac{x^2}{2} + \cdots.
$$

利用线性近似，取 $g(x) = \dfrac{2}{3}(1+x)$，则 $g(x)$ 是 $(0,1)$ 上的一个密度函数. 设 $X_1, X_2, \cdots, X_n$ 是来自 $g(x)$ 的一组随机数，则 θ 的估计可取为

$$
\tilde{\theta} = \frac{1}{n}\sum_{i=1}^n \frac{f(X_i)}{g(X_i)} = \frac{3}{2n}\sum_{i=1}^n \frac{\mathrm{e}^{X_i}}{1+X_i}.
$$

$\tilde{\theta}$ 也是 θ 的无偏估计，且

$$
\begin{aligned}
\mathrm{Var}(\tilde{\theta}) &= \frac{1}{n}\left[\int_0^1 \frac{f^2(x)}{g(x)}\mathrm{d}x - (\mathrm{e}-1)^2\right] \\
&= \frac{1}{n}\left[\int_0^1 \frac{3}{2}\frac{\mathrm{e}^{2x}}{1+x}\mathrm{d}x - (\mathrm{e}-1)^2\right] \\
&= \frac{0.0269}{n} \quad \text{（数值方法）}.
\end{aligned}
$$

$\tilde{\theta}$ 明显优于 $\hat{\theta}$.

下面在一般意义下介绍重要抽样法. $f(x)$ 表示密度函数，要估计

$$
\theta = E_f[h(X)] = \int_a^b h(x)f(x)\mathrm{d}x.
$$

若从密度函数 $f(x)$ 中抽样是困难的，或者估计量的方差较大，那就不适合直接产生随机数 $X_1, X_2, \cdots, X_n$ 来估计 θ.

如果 $g(x)$ 是另一个密度函数，并且 θ 可以表示为

$$\theta = \int_a^b \frac{h(x)f(x)}{g(x)} g(x)\mathrm{d}x = E_g\left[\frac{h(X)f(X)}{g(X)}\right].$$

其中，E_g 是指 $\frac{h(X)f(X)}{g(X)}$ 关于密度函数 $g(x)$ 求期望.

通过连续产生具有密度函数 $g(x)$ 的容量为 n 的随机数 X_1，X_2，$\cdots$，X_n，然后用

$$\hat{\theta} = \frac{1}{n}\sum_{i=1}^n \frac{h(X_i)f(X_i)}{g(X_i)}$$

作为估计量来估计 θ. 如果选择密度函数 $g(x)$ 能够使得随机变量 $\frac{h(X)f(X)}{g(X)}$ 有一个小的方差，这类方法称为重要抽样法.

重要抽样法只改变概率分布，不改变统计量，把概率分布 $f(x)$ 改变为重要概率分布 $g(x)$. 易知统计量 $\hat{\theta}$ 是估计量 θ 的无偏估计.

恰当地选择密度函数 $g(x)$（即重要分布）是重要抽样法中的一个关键步骤，也是该方法的困难所在，有不同的选取原则和方法. Ross(2006)给出的倾斜密度函数法是构造重要分布的一种方法.

4.2.2 倾斜密度函数

设随机变量 X 的密度函数是 $f(x)$，矩母函数为

$$M(t) = E_f\left[\mathrm{e}^{tX}\right] = \int \mathrm{e}^{tx} f(x)\mathrm{d}x,$$

则称密度函数

$$f_t(x) = \frac{\mathrm{e}^{tx} f(x)}{M(t)} \tag{4.1}$$

为 X 的倾斜密度函数.

容易验证倾斜密度函数 $f_t(x)$ 满足随机变量密度函数的定义要求. 倾斜密度函数由随机变量的分布密度变换而来，在分布特征上比较近似. 下面给出几种分布密度函数和倾斜密度函数类型相同的例子.

例 4.2 假设 $f(x)$ 是参数为 λ 的指数分布，证明：f_t 是参数为 $\lambda - t$ 指数分布.

证明

$$M(t) = E_f\left[\mathrm{e}^{tX}\right] = \int_0^\infty \mathrm{e}^{tx} \lambda \mathrm{e}^{-\lambda x}\mathrm{d}x = \frac{\lambda}{\lambda - t}.$$

$$f_t(x) = \frac{\mathrm{e}^{tx} f(x)}{M(t)} = \frac{\mathrm{e}^{tx} \lambda \mathrm{e}^{-\lambda x}}{M(t)} = (\lambda - t)\mathrm{e}^{-(\lambda - t)x}.$$

故当 $t < \lambda$ 时，$f(x)$ 的倾斜密度函数 f_t 是参数为 $\lambda - t$ 的指数分布.

例 4.3 证明：参数为 p 的二项分布的倾斜密度函数仍然是二项分布.

证明 假设 $f(x)$ 是参数为 p 的二项分布的密度函数，则

$$f(x) = p^x (1-p)^{1-x}, \ x = 0, 1,$$

由矩母函数的定义得

$$M(t) = E_f\left[\mathrm{e}^{tX}\right] = p\mathrm{e}^t + 1 - p.$$

根据倾斜密度函数的定义式(4.1)，则

$$f_t(x) = \frac{(p e^t)^x (1-p)^{1-x}}{M(t)}$$

$$= \left(\frac{p e^t}{p e^t + 1 - p}\right)^x \left(\frac{1-p}{p e^t + 1 - p}\right)^{1-x}$$

可见，倾斜密度函数 f_t 是参数为 $p_t = \dfrac{p e^t}{p e^t + 1 - p}$ 的二项分布.

例 4.4 假设 $f(x)$ 是参数为 μ 和 σ^2 的正态分布，证明：f_t 是参数为 $\mu + \sigma^2 t$ 和 σ^2 的正态分布.

证明

$$M(t) = E_f[e^{tX}] = \int_{-\infty}^{+\infty} \frac{1}{\sqrt{2\pi}\sigma} e^{-\frac{(x-\mu)^2}{2\sigma^2}} e^{tx}\, dx = e^{\left(\mu t + \frac{1}{2}\sigma^2 t^2\right)}.$$

$$f_t(x) = \frac{\frac{1}{\sqrt{2\pi}\sigma} e^{-\frac{(x-\mu)^2}{2\sigma^2}} e^{tx}}{e^{\left(\mu t + \frac{1}{2}\sigma^2 t^2\right)}} = \frac{1}{\sqrt{2\pi}\sigma} e^{-\frac{(x-\mu-\sigma^2 t)^2}{2\sigma^2}}.$$

故 f_t 是参数为 $\mu + \sigma^2 t$ 和 σ^2 的正态分布.

4.2.3 重要抽样法在模拟小概率事件中的应用

重要抽样法不仅可以减小估计量的方差，还可以提高抽样的效率. 特别在模拟小概率事件中，可以提高估计的准确度，有着特殊的应用.

例 4.5 $X \sim N(0,1)$，欲通过模拟方法估计 $\theta = P(X \geqslant 20)$.

该估计可以记为 $\theta = E(I_{\{X \geqslant 20\}})$，其中

$$I = \begin{cases} 1, & X \geqslant 20; \\ 0, & X < 20. \end{cases}$$

一般模拟方法步骤为：

(1) 产生 n 个来自标准正态分布的随机数 $(x_1, x_2, \cdots, x_n)$.

(2) 判断随机数 x_i 是否大于 20 并计数，即 $I_i = \begin{cases} 1, & x_i \geqslant 20; \\ 0, & x_i < 20. \end{cases}$

(3) 计算估计值 $\sum\limits_{i=1}^{n} I_i / n$.

一般方法求估计值及方差代码：

```
set. seed(1)
n=1000000; X=rnorm(n); I=X>=20
for (i in 1:n) {
    if (I[i]==T) I[i]=1
    else I[i]=0
}
theta. e=sum(I)/n
```

运行结果为

```
>print(theta. e)
[1] 0
```

从理论上讲，$\theta = P(X \geqslant 20)$ 必然不为 0，而是与 0 很接近的数. 虽然进行了 1000000 次模拟，估计值为 0，未能给出一个比较精确的估计. 原因在于这是一个小概率事件. 若要增加模拟次数，采用一般方法，模拟大约 2.7e+89 次，才出现一次 $I = 1$ 的结果. 将模拟次数增加到 2.7e+89 次，显然不可行.

下面用重要抽样法求解：

$$\theta = P(X \geqslant 20) = E(I_{\{X \geqslant 20\}}) = \int_{-\infty}^{\infty} I_{\{x \geqslant 20\}} \frac{1}{\sqrt{2\pi}} e^{-\frac{x^2}{2}} \, dx$$

$h(x) = I_{\{x \geqslant 20\}}$，$f(x) = \frac{1}{\sqrt{2\pi}} e^{-\frac{x^2}{2}}$. 取 $g(x) = \frac{1}{\sqrt{2\pi}} e^{-\frac{(x-\mu)^2}{2}}$，即 $X \sim N(\mu, 1)$，则

$$\begin{aligned}
\theta = E_f[h(X)] &= \int_{-\infty}^{\infty} h(x) f(x) \, dx \\
&= \int_{-\infty}^{\infty} \frac{h(x) f(x)}{g(x)} g(x) \, dx \\
&= \int_{-\infty}^{\infty} I_{\{x \geqslant 20\}} \left\{ \frac{\frac{1}{\sqrt{2\pi}} e^{-\frac{x^2}{2}}}{\frac{1}{\sqrt{2\pi}} e^{-\frac{(x-\mu)^2}{2}}} \right\} \frac{1}{\sqrt{2\pi}} e^{-\frac{(x-\mu)^2}{2}} \, dx \\
&= \int_{-\infty}^{\infty} I_{\{x \geqslant 20\}} e^{-\mu x + \mu^2/2} \frac{1}{\sqrt{2\pi}} e^{-\frac{(x-\mu)^2}{2}} \, dx \\
&= E_g \left[I_{\{X \geqslant 20\}} e^{-\mu X + \mu^2/2} \right].
\end{aligned}$$

利用重要抽样法实现步骤：

(1) 产生 n 个来自正态分布 $N(\mu, 1)$ 的随机数 $(x_1, x_2, \cdots, x_n)$.

(2) 计算每个 $I_{\{x_i \geqslant 20\}} e^{-\mu x_i + \mu^2/2}$.

(3) 计算统计量 $\sum_{i=1}^{n} I_{\{x_i \geqslant 20\}} e^{-\mu x_i + \mu^2/2} / n$ 作为估计值.

根据上面的实现步骤，得到下面的 R 代码：

```
set. seed(1)
n=1000000; mu=20;
X=rnorm(n, mu, 1);
I=X>=20
for (i in 1:n)
{
    if (I[i]==T) I[i]=1
    else I[i]=0
}
hp. f=I * exp(-mu * X+mu^2/2)
theta. i=mean(hp. f)
```

运行结果为

```
> print(theta. i)
[1] 2.766392e-89
```

使用重要抽样法，模拟量为 1000000，却达到了一般方法约 2.7e+89 次的效果，得到

估计值 $2.77\mathrm{e}{-}89$，比一般方法更接近真值. 重要抽样法通过引入 $g(x)$ 增加了抽样的效率，对于这种小概率事件的模拟效果较好.

4.3　分层抽样法

分层抽样法是另外一种利用贡献率的大小来降低估计方差的抽样方法. 首先把样本空间 D 分解成 m 个小区间 D_1, D_2, $\cdots$, D_m，且诸 D_i 不交，$\bigcup D_i = D$，然后在每个小区间内的抽样数由其贡献大小决定，即定义 $p_i = \displaystyle\int_{D_i} f(x)\mathrm{d}x$，则 D_i 内的抽样数与 p_i 成正比. 这样，对 θ 贡献大的 D_i 抽样多，可以提高抽样的效率.

对于积分 $\theta = \displaystyle\int_0^1 f(x)\mathrm{d}x$，将 $[0, 1]$ 分成 m 个小区间，各区间端点记为 a_i, $0 = a_0 < a_1 < \cdots < a_m = 1$，则

$$\theta = \int_0^1 f(x)\mathrm{d}x = \sum_{i=1}^m \int_{a_{i-1}}^{a_i} f(x)\mathrm{d}x = \sum_{i=1}^m I_i.$$

记 $l_i = a_i - a_{i-1}$, $i = 1, 2, \cdots, m$，在每个小区间上的积分 I_i 可用样本均值法估计出来，然后再求和即可给出 θ 的一个估计.

分层抽样法步骤：

(1) 产生 $U(0, 1)$ 随机数 $\{U_{ij}, j = 1, \cdots, n_i, i = 1, \cdots, m\}$.

(2) 计算 $X_{ij} = a_{i-1} + l_i U_{ij}$, $j = 1, \cdots, n_i$, $i = 1, \cdots, m$.

(3) 计算 $\hat{I}_i = \dfrac{l_i}{n_i} \displaystyle\sum_{j=1}^{n_i} f(X_{ij})$.

从而得到 θ 的估计为 $\hat{\theta}_3 = \displaystyle\sum_{i=1}^m \hat{I}_i$.

根据样本均值法，$\hat{E}I_i = I_i$，因而 $\hat{\theta}_3$ 是 θ 的无偏估计，其方差为

$$\mathrm{Var}(\hat{\theta}_3) = \mathrm{Var}\left\{ \sum_{i=1}^m \frac{l_i}{n_i} \sum_{j=1}^{n_i} f(X_{ij}) \right\} = \sum_{i=1}^m \frac{l_i^2}{n_i} \sigma_i^2. \qquad (4.2)$$

其中，

$$\sigma_i^2 = \int_{a_{i-1}}^{a_i} \frac{f^2(x)}{l_i}\mathrm{d}x - \left(\frac{I_i}{l_i} \right)^2.$$

例 4.6　再考虑积分

$$\theta = \int_0^1 \mathrm{e}^x \mathrm{d}x.$$

先将抽样区间 $[0, 1]$ 划分成两个子区间：$[0, 0.5)$ 和 $[0.5, 1]$，则

$$I_1 = \int_0^{0.5} \mathrm{e}^x \mathrm{d}x = \sqrt{\mathrm{e}} - 1,$$

$$I_2 = \int_{0.5}^1 \mathrm{e}^x \mathrm{d}x = \mathrm{e} - \sqrt{\mathrm{e}},$$

$$\sigma_1^2 = \int_0^{0.5} 2\mathrm{e}^{2x}\mathrm{d}x - 4(\sqrt{\mathrm{e}} - 1)^2$$

$$= (\mathrm{e} - 1) - 4(\sqrt{\mathrm{e}} - 1)^2$$

$$= 0.03492,$$

$$\sigma_2^2 = \int_{0.5}^{1} 2e^{2x}dx - 4(e - \sqrt{e})^2$$
$$= (e^2 - e) - 4(e - \sqrt{e})^2$$
$$= 0.09493.$$

假定共抽取 n 个随机数，其中在 $[0, 0.5)$ 上抽 n_1 个，有分层抽样法可得 $\hat{\theta}_3$ 的方差为

$$\text{Var}(\hat{\theta}_3) = \frac{0.5^2}{n_1}\sigma_1^2 + \frac{0.5^2}{n - n_1}\sigma_2^2.$$

对 n_1 求导，易知在 n 给定条件下，当

$$\frac{n_1}{n} = \frac{\sigma_1}{\sigma_1 + \sigma_2} = \frac{\sqrt{0.03492}}{\sqrt{0.03492} + \sqrt{0.09493}} = 0.37753$$

时，$\text{Var}(\hat{\theta}_3)$ 最小为

$$\text{Var}(\hat{\theta}_3) = \frac{0.5^2}{n}\left[\frac{\sigma_1^2}{\frac{n_1}{n}} + \frac{\sigma_2^2}{1 - \frac{n_1}{n}}\right] = \frac{0.06125}{n}.$$

与重要抽样法中的例子比较知，$\dfrac{0.0269}{n} < \dfrac{0.06125}{n} < \dfrac{0.242}{n}$.

如果将区间进一步细分，比如 10 等分 $[0, 1]$，可以算得诸 σ_i^2，并确定最优分配次数

$$\frac{n_i}{n} = \frac{\sigma_i}{\sum_{j=1}^{m}\sigma_j}.$$

结果见表 4 - 1. 给出的分层抽样估计方差为 $\dfrac{0.00246}{n}$，它远远小于 $\dfrac{0.0269}{n}$.

表 4 - 1　10 等分 $[0, 1]$ 下诸 σ_i^2 和 n_i

i	1	2	3	4	5
σ_i^2	0.0009	0.0011	0.0014	0.0017	0.0021
σ_i	0.0304	0.0336	0.0371	0.0410	0.0453
n_i/n	0.0612	0.0676	0.0784	0.0826	0.0913
i	6	7	8	9	10
σ_i^2	0.0025	0.0031	0.0037	0.0046	0.0056
σ_i	0.0501	0.0553	0.0611	0.0676	0.0747
n_i/n	0.1009	0.1115	0.1233	0.1362	0.1505

分层抽样法可以降低估计的方差，并且将抽样区间分的足够小，并较好地分配抽样次数，则可以使估计方差大大降低。

定理：对于分层抽样法的估计方差是式（4.2），在 σ_i^2、l_i 和 n 已知条件下，当

$$\frac{n_i}{n} = \frac{l_i\sigma_i}{\sum_{j=1}^{m} l_j\sigma_j} \tag{4.3}$$

时，估计方差最小，为 $\dfrac{1}{n}\left(\sum_{j=1}^{m} l_j\sigma_j\right)^2$.

证明　由式（4.2）得

$$\mathrm{Var}(\hat{\theta}) = \sum_{i=1}^{m} \frac{l_i^2}{n_i}\sigma_i^2 = \frac{l_1^2}{n_1}\sigma_1^2 + \frac{l_2^2}{n_2}\sigma_2^2 + \cdots + \frac{l_{m-1}^2}{n_{m-1}}\sigma_{m-1}^2 + \frac{l_m^2}{n - n_1 - n_2 - \cdots - n_{m-1}}\sigma_m^2.$$

由 $\dfrac{\partial \mathrm{Var}(\hat{\theta})}{\partial n_1} = 0$ 可以解得

$$\frac{l_1\sigma_1}{n_1} = \frac{l_m\sigma_m}{n - n_1 - n_2 - \cdots - n_{m-1}}.$$

同理由 $\dfrac{\partial \mathrm{Var}(\hat{\theta})}{\partial n_2} = 0$，$\dfrac{\partial \mathrm{Var}(\hat{\theta})}{\partial n_3} = 0$，$\cdots$，$\dfrac{\partial \mathrm{Var}(\hat{\theta})}{\partial n_{m-1}} = 0$ 可以解得

$$\frac{l_2\sigma_2}{n_2} = \frac{l_3\sigma_3}{n_3} = \cdots = \frac{l_{m-1}\sigma_{m-1}}{n_{m-1}} = \frac{l_m\sigma_m}{n - n_1 - n_2 - \cdots - n_{m-1}}.$$

根据等比性质，有

$$\frac{l_1\sigma_1}{n_1} = \frac{l_2\sigma_2}{n_2} = \frac{l_3\sigma_3}{n_3} = \cdots = \frac{l_{m-1}\sigma_{m-1}}{n_{m-1}} = \frac{l_m\sigma_m}{n - n_1 - n_2 - \cdots - n_{m-1}} = \frac{\sum_{i=1}^{m} l_i\sigma_i}{n}.$$

故当抽样比例满足式（4.3）时，估计的方差达到最小为 $\dfrac{1}{n}\left(\sum_{i=1}^{m} l_i\sigma_i\right)^2$.

分层抽样法涉及两个方面的问题：

（1）抽样区间的划分，简单而常用的办法是将区间等分.

（2）抽样次数的分配问题.

下面我们将要说明即使取简单的分配：

$$\frac{n_i}{n} = \frac{l_i}{\sum l_i} = \frac{l_i}{b-a},$$

仍然有 $\mathrm{Var}(\hat{\theta}_3) \leqslant \mathrm{Var}(\hat{\theta}_2)$.

将 $\dfrac{n_i}{n} = \dfrac{l_i}{b-a}$ 代入式（4.2），有

$$\mathrm{Var}(\hat{\theta}_3) = \frac{b-a}{n}\sum_{i=1}^{m} l_i\sigma_i^2.$$

由 Cauchy-Schwarz 不等式，有

$$\theta^2 = \left(\sum_{i=1}^{m} I_i\right)^2 = \left(\sum_{i=1}^{m} \frac{I_i}{\sqrt{l_i}}\sqrt{l_i}\right)^2$$

$$\leqslant \sum_{i=1}^{m} \frac{I_i^2}{l_i}\sum_{i=1}^{m} l_i = (b-a)\sum_{i=1}^{m} \frac{I_i^2}{l_i}.$$

在式（4.2）两边各乘以 l_i 并相加，就有

$$\sum_{i=1}^{m} l_i \sigma_i^2 = \int_a^b f^2(x)\mathrm{d}x - \sum_{i=1}^{m} \frac{I_i^2}{l_i}$$

$$\leqslant \int_a^b f^2(x)\mathrm{d}x - \frac{\theta^2}{b-a}.$$

两边同乘以 $\dfrac{b-a}{n}$，则可得 $\mathrm{Var}(\hat{\theta}_3) \leqslant \mathrm{Var}(\hat{\theta}_2)$.

4.4　对偶变量法

假定我们对估计 $\theta = E[X]$ 感兴趣，又假设 X_1 和 X_2 同分布且具有均值 θ，则

$$\mathrm{Var}\Big(\frac{X_1 + X_2}{2}\Big) = \frac{1}{4}[\mathrm{Var}(X_1) + \mathrm{Var}(X_2) + 2\mathrm{Cov}(X_1, X_2)].$$

若 X_1 和 X_2 是负相关的，则

$$\mathrm{Var}\Big(\frac{X_1 + X_2}{2}\Big) \leqslant \frac{1}{4}[\mathrm{Var}(X_1) + \mathrm{Var}(X_2)].$$

即方差减少了（即负相关的情形下比一般情形下方差减少了），或者说估计精度得到了提高，但仍然是无偏估计，即 $E\Big(\dfrac{X_1 + X_2}{2}\Big) = \theta$.

定理：如果 $X_1, X_2, \cdots, X_n$ 相互独立，则对任何 n 元增函数 f 和 g，有

$$E[f(X)g(X)] \geqslant E[f(X)]E[g(X)]. \tag{4.4}$$

证明　（归纳法）当 $n=1$ 时，令 f 和 g 都是一元增函数. 则对于任意的 x 和 y，若 $x \geqslant y$（或 $x \leqslant y$），则

$$[f(x) - f(y)][g(x) - g(y)] \geqslant 0.$$

从而对于任意的随机变量 X 和 Y，有

$$[f(X) - f(Y)][g(X) - g(Y)] \geqslant 0.$$

根据期望的性质，则有

$$E\{[f(X) - f(Y)][g(X) - g(Y)]\} \geqslant 0.$$

上式等价于

$$E[f(X)g(X)] + E[f(Y)g(Y)] \geqslant E[f(X)g(Y)] + E[f(Y)g(X)].$$

又 X 和 Y 独立同分布，所以

$$E[f(X)g(X)] = E[f(Y)g(Y)],$$

$$E[f(X)g(Y)] = E[f(Y)g(X)] = E[f(X)]E[g(X)].$$

故 $n=1$ 时结论成立.

假设 $n-1$ 时，式(4.4)成立，且 $X_1, X_2, \cdots, X_n$ 相互独立，f 和 g 是 n 元增函数，则

$$E[f(X)g(X) \mid X_n = x_n]$$

$$= E[f(X_1, X_2, \cdots, X_{n-1}, x_n)g(X_1, X_2, \cdots, X_{n-1}, x_n) \mid X_n = x_n]$$

$$= E[f(X_1, X_2, \cdots, X_{n-1}, x_n)g(X_1, X_2, \cdots, X_{n-1}, x_n)]$$

$$\geqslant E[f(X_1, X_2, \cdots, X_{n-1}, x_n)]E[g(X_1, X_2, \cdots, X_{n-1}, x_n)]$$

$$= E[f(X) \mid X_n = x_n]E[g(X) \mid X_n = x_n].$$

从而有

$$E[f(X)g(X) \mid X_n] \geqslant E[f(X) \mid X_n]E[g(X) \mid X_n].$$

对上式两边再求期望(双重期望公式)可得

$$E[f(X)g(X)] = E\{E[f(X)g(X) \mid X_n]\}$$
$$\geqslant E\{E[f(X) \mid X_n]E[g(X) \mid X_n]\}.$$

又因为 $E[f(X)|X_n]$ 和 $E[g(X)|X_n]$ 都是 X_n 的一元单调增函数，因此由 $n=1$ 时的结果就有

$$E\{E[f(X) \mid X_n]E[g(X) \mid X_n]\}$$
$$\geqslant E\{E[f(X) \mid X_n]\}E\{E[g(X) \mid X_n]\}$$
$$= E[f(X)]E[g(X)].$$

推论： 如果 $h(x_1, x_2, \cdots, x_n)$ 是其每个自变量的单调函数，则对独立随机数的集合 $U_1, U_2, \cdots, U_n$，有

$$\mathrm{Cov}[h(U_1, U_2, \cdots, U_n), h(1-U_1, 1-U_2, \cdots, 1-U_n)] \leqslant 0.$$

证明　不失一般性，假设 h 是其前 r 个自变量的增函数，是后 $n-r$ 个自变量的减函数. 令

$$f(x_1, x_2, \cdots, x_n) = h(x_1, x_2, \cdots, x_r, 1-x_{r+1}, 1-x_{r+2}, \cdots, 1-x_n),$$
$$g(x_1, x_2, \cdots, x_n) = -h(1-x_1, 1-x_2, \cdots, 1-x_r, x_{r+1}, x_{r+2}, \cdots, x_n),$$

则 f 和 g 都是增函数. 根据前面定理结论，有

$$\mathrm{Cov}[f(U_1, U_2, \cdots, U_n), g(U_1, U_2, \cdots, U_n)] \geqslant 0.$$

或等价地

$$\mathrm{Cov}[h(U_1, U_2, \cdots, U_r, 1-U_{r+1}, 1-U_{r+2}, \cdots, 1-U_n), h(1-U_1, 1-U_2, \cdots,$$
$$1-U_r, U_{r+1}, U_{r+2}, \cdots, U_n)] \leqslant 0.$$

又因为随机向量 $h(U_1, U_2, \cdots, U_n)$，$h(1-U_1, 1-U_2, \cdots, 1-U_n)$ 与随机向量 $h(U_1, U_2, \cdots, U_r, 1-U_{r+1}, 1-U_{r+2}, \cdots, 1-U_n)$，$h(1-U_1, 1-U_2, \cdots, 1-U_r, U_{r+1}, U_{r+2}, \cdots, U_n)$ 具有相同的联合分布，故有

$$\mathrm{Cov}[h(U_1, U_2, \cdots, U_n), h(1-U_1, 1-U_2, \cdots, 1-U_n)] \leqslant 0.$$

如何使产生的 X_1 和 X_2 负相关呢？

利用前面的结论，按下面方法进行：假设 X_1 是 m 个随机数的函数，即假设 $X_1 = h(U_1, U_2, \cdots, U_m)$，其中 $U_1, U_2, \cdots, U_m$ 是 m 个相互独立的随机数. 令随机变量 $X_2 = h(1-U_1, 1-U_2, \cdots, 1-U_m)$. 易知 U 和 $1-U$ 同分布，且

$$\mathrm{Cov}(U, 1-U) = -\frac{1}{12}.$$

若 h 是每个坐标的单调函数，那么 X_2 和 X_1 是同分布且负相关的. 称 X_2 为 X_1 的对偶变量.

对偶变量法的优点：

(1) 减少了估计量的方差.

(2) 节省了产生第二组随机数的时间.

例 4.7　估计积分 $\theta = \displaystyle\int_0^1 \mathrm{e}^x \mathrm{d}x = \mathrm{e}-1$.

解　先采用样本均值法，如果独立产生两个随机数 U_1, U_2，则估计方差为

$$\mathrm{Var}\left(\frac{\mathrm{e}^{U_1} + \mathrm{e}^{U_2}}{2}\right) = \frac{\mathrm{Var}(\mathrm{e}^{U_1})}{2} = 0.1210,$$

标准差为 $\sqrt{0.1210} = 0.34785$.

因为函数 $h(u) = e^u$ 在 $(0,1)$ 上显然是一个单调增函数,利用对偶变量法产生的 U 和 $1-U$ 的方差为

$$\text{Var}\left(\frac{e^U + e^{1-U}}{2}\right) = \frac{\text{Var}(e^U)}{2} + \frac{\text{Cov}(e^U, e^{1-U})}{2} = 0.0039,$$

标准差为 $\sqrt{0.0039} = 0.06245$. 精度提高了 82%.

例 4.8 利用蒙特卡罗方法估计标准正态分布累计分布函数

$$\Phi(x) = \int_{-\infty}^{x} \frac{1}{\sqrt{2\pi}} e^{-t^2/2} \, dt.$$

解 这是一个无穷限积分,无法直接用样本均值法估计. 可将该问题分为 $x < 0$ 和 $x \geqslant 0$ 两种情况. 根据对称性,$x < 0$ 的情况又可转化为 $x \geqslant 0$ 的情况. 问题的关键是计算

$$\theta = \int_0^x e^{-t^2/2} \, dt, \quad x > 0.$$

再做积分代换,$y = t/x$,则 $dt = x\,dy$,且

$$\theta = \int_0^1 x e^{-(xy)^2/2} \, dy.$$

因此

$$\theta = E_Y \left[x e^{-(xY)^2/2} \right],$$

其中 $Y \sim U(0,1)$. 可得 θ 的估计量为

$$\hat{\theta} = \frac{1}{n} \sum_{i=1}^{n} x e^{-(xU_i)^2/2}.$$

下面给出运用样本均值法估计 θ 的 R 程序:

```
x<-seq(0.1, 2.5, length=10)
n<-10000;
u<-runif(n);
cdf<-numeric(length(x))
for (i in 1:length(x)) {
  g<-x[i] * exp(-(u * x[i])^2/2)
  cdf[i]<-mean(g)/sqrt(2 * pi)+0.5
}
Phi<-pnorm(x)
print(round(rbind(x,cdf,Phi),3))
```

```
> print(round(rbind(x,cdf,Phi),3))
    [,1]  [,2]  [,3]  [,4]  [,5]  [,6]  [,7]  [,8]  [,9] [,10]
x   0.10 0.367 0.633 0.900 1.167 1.433 1.700 1.967 2.233 2.500
cdf 0.54 0.643 0.737 0.816 0.878 0.923 0.954 0.973 0.985 0.991
Phi 0.54 0.643 0.737 0.816 0.878 0.924 0.955 0.975 0.987 0.994
```

可见,蒙特卡罗估计结果非常接近真值.

再来考察

$$\theta = \int_0^1 x \mathrm{e}^{-(xy)^2/2} \, \mathrm{d}y.$$

不难发现被积函数

$$g(y) = x \mathrm{e}^{-(xy)^2/2}$$

是 y 的单调函数，满足使用对偶变量法的条件. 通过产生随机数 $U_1, U_2, \cdots, U_{n/2}$，得到一半样本值：

$$g(U_i) = x \mathrm{e}^{-(xU_i)^2/2}, \ i = 1, 2, \cdots, n/2.$$

另一半样本值通过对偶变量法构造如下：

$$g(1 - U_i) = x \mathrm{e}^{-(x(1-U_i))^2/2}, \ i = 1, 2, \cdots, n/2.$$

θ 的估计量为

$$\widetilde{\theta} = \frac{1}{n} \sum_{i=1}^{n/2} (x \mathrm{e}^{-(xU_i)^2/2} + x \mathrm{e}^{-(x(1-U_i))^2/2})$$

$$= \frac{1}{n/2} \sum_{i=1}^{n/2} \left[\frac{x \mathrm{e}^{-(xU_i)^2/2} + x \mathrm{e}^{-(x(1-U_i))^2/2}}{2} \right].$$

易证 $E(\widetilde{\theta}) = \theta$. 若 $x > 0$，$\Phi(x)$ 的估计是 $0.5 + \widetilde{\theta}/\sqrt{(2\pi)}$；若 $x < 0$，$\Phi(x) = 1 - \Phi(-x)$. 下面 R 程序给出了关于 $\Phi(x)$ 的两种估计结果：

```
NormcdfMc<-function(x, n=10000, antithetic=T){
  u<-runif(n/2)
  if (!antithetic) v<-runif(n/2)
  else v<- 1-u
  u<- c(u,v)
  cdf<- numeric(length(x))
  for(i in 1:length(x)){
    g<-x[i] * exp(-(u * x[i])^2/2)
    cdf[i]<-mean(g)/sqrt(2 * pi)+0.5
  }
  cdf
}
x<-seq(0.1, 2.5, length=5)
NormcdfMc(x)

> x<-seq(0.1, 2.5, length=5)
> Phi<-pnorm(x)
> set.seed(1)
> NormaMC1<-NormcdfMc(x,anti=F)
> set.seed(1)
> NormaMC2<-NormcdfMc(x)
```

```
> print(round(rbind(x,NormaMC1,NormaMC2,Phi),5))
              [,1]     [,2]     [,3]     [,4]     [,5]
x          0.10000  0.70000  1.30000  1.90000  2.50000
NormaMC1   0.53983  0.75795  0.90293  0.97116  0.99439
NormaMC2   0.53983  0.75787  0.90261  0.97080  0.99461
Phi        0.53983  0.75804  0.90320  0.97128  0.99379
```

可见，两种估计法所得结果和 R 内置函数 pnorm()求得的结果都很接近.

取 $x=1.95$，比较两种估计量的方差. R 程序如下：

```
n=1000
NormaMC1<-NormaMC2<-numeric(n)
x<- 1.95
for (i in 1:n){
  NormaMC1[i]<-NormcdfMc(x, n=1000, anti=F)
  NormaMC2[i]<-NormcdfMc(x, n=1000)
}
> print(sd(NormaMC1))
[1] 0.007022394
> print(sd(NormaMC2))
[1] 0.0004621401
> print((var(NormaMC1)-var(NormaMC2))/var(NormaMC1))
[1] 0.9956691
```

对偶变量法相比较直接的样本均值法，方差显著减小（缩减率约为 99.5%）.

4.5 控 制 变 量 法

假设要用模拟的方法得到 $\theta = E[h(X)]$ 的估计，$\hat{\theta} = \dfrac{1}{n}\sum_{i=1}^{n}h(X_i)$ 为其无偏估计. 现有一个函数 $f(X)$，且 $\mu = E[f(X)]$. 由 $h(X)$ 和 $f(X)$ 构造一个新的函数 $Y = h(X) + c[f(X) - \mu]$，其中 c 为常数. 则有

$$E[Y] = E\{h(X) + c[f(X) - \mu]\} = \theta,$$

即 Y 也是 θ 的无偏估计，其方差为

$$\begin{aligned}
\mathrm{Var}(Y) &= \mathrm{Var}\{h(X) + c[f(X) - \mu]\} \\
&= \mathrm{Var}[h(X)] + c^2\mathrm{Var}[f(X) - \mu] + 2c\mathrm{Cov}\{h(X), f(X) - \mu\} \\
&= \mathrm{Var}[h(X)] + c^2\mathrm{Var}[f(X)] + 2c\mathrm{Cov}[h(X), f(X)].
\end{aligned}$$

为了达到减少方差的目的，由上式可得

$$\begin{aligned}
\mathrm{Var}(Y) &= c^2\mathrm{Var}[f(X)] + 2c\mathrm{Cov}[h(X), f(X)] + \mathrm{Var}[h(X)] \\
&= \mathrm{Var}[f(X)]\left\{c + \frac{\mathrm{Cov}[h(X), f(X)]}{\mathrm{Var}[f(X)]}\right\}^2 + \mathrm{Var}[h(X)] \\
&\quad - \frac{\mathrm{Cov}^2[h(X), f(X)]}{\mathrm{Var}[f(X)]}.
\end{aligned}$$

可见当 $c = c^* = -\dfrac{\text{Cov}[h(X), f(X)]}{\text{Var}[f(X)]}$ 时，得到 $\text{Var}(Y)$ 的最小值为

$$\text{Var}(Y_{c^*}) = \text{Var}[h(X)] - \frac{\text{Cov}^2[h(X), f(X)]}{\text{Var}[f(X)]}.$$

易见 $\text{Var}(Y_{c^*}) \leqslant \text{Var}[h(X)]$. 注意 c^* 与 $\text{Cov}[h(X), f(X)]$ 异号. 且可得

$$\frac{\text{Var}(Y_{c^*})}{\text{Var}[h(X)]} = 1 - \frac{\text{Cov}^2[h(X), f(X)]}{\text{Var}[h(X)]\text{Var}[f(X)]}$$
$$= 1 - \text{Corr}^2[h(X), f(X)].$$

由此，构造统计量

$$\hat{\theta}_{c^*} = \frac{1}{n}\sum_{i=1}^{n} Y_i = \frac{1}{n}\sum_{i=1}^{n}\{h(X_i) + c^*[f(X_i) - \mu]\},$$

则

$$\text{Var}(\hat{\theta}_{c^*}) = \frac{\text{Var}(Y_{c^*})}{n} \leqslant \frac{\text{Var}(h(X))}{n} = \text{Var}(\hat{\theta}).$$

通过线性组合的方式构造统计量，而使估计方差减少的方法称为控制变量法. 若要减小方差，必须 $h(X)$ 和 $f(X)$ 相关，即 $\text{Cov}[h(X), f(X)] \neq 0$.

$\text{Cov}[h(X), f(X)]$ 和 $\text{Var}[f(X)]$ 往往在事先是未知的，在得到模拟样本的情况下，可用样本协方差和样本方差代替：

$$\widehat{\text{Cov}}[h(X), f(X)] = \frac{\sum\limits_{i=1}^{n}\{[h(X_i) - \bar{h}][f(X_i) - \mu]\}}{n-1},$$

$$\widehat{\text{Var}}[f(X)] = \frac{\sum\limits_{i=1}^{n}[f(X_i) - u]^2}{n-1}.$$

并得到 c^* 的估计 $\hat{c}^*$.

方差缩减效果通常也用方差缩减率表示. 在该法中，方差缩减率为

$$\frac{\text{Var}(\hat{\theta}) - \text{Var}(\hat{\theta}_{c^*})}{\text{Var}(\hat{\theta})} = \frac{\text{Var}[h(X)] - \text{Var}[Y_{c^*}]}{\text{Var}[h(X)]} = \text{Corr}^2[h(X), f(X)]$$

方差缩减率为 $h(X)$ 和 $f(X)$ 的相关系数的平方. 当

$$\text{Corr}[h(X), f(X)] = \rho[h(X), f(X)] = \pm 1$$

时，方差缩减率达到最大.

控制变量法计算 $E[h(X)]$ 的步骤如下：

(1) 产生 n 个某分布随机数 $x_i (i = 1, 2, \cdots, n)$.

(2) 计算 n 个 $h(x_i)$ 和 $f(x_i)$.

(3) 计算 $h(X)$ 和 $f(X)$ 的样本协方差和 $f(X)$ 的样本方差.

(4) 计算 $\hat{c}^*$.

(5) 计算 n 个 $y_i = h(x_i) + \hat{c}^*[f(x_i) - \mu]$ 的值.

(6) 用统计量 $\bar{y} = \dfrac{1}{n}\sum_{i=1}^{n} y_i$ 作为 $E[h(X)]$ 的估计.

例 4.9　用控制变量法估计 θ 的值，其中 $\theta = \int_0^1 e^x dx$.

解　令 $h(X)=e^X$，$f(X)=X$，$X \sim U(0,1)$，则

$$\mathrm{Var}[f(X)] = \mathrm{Var}(X) = \frac{1}{12},$$

$$\mathrm{Var}[h(X)] = E[(e^X)^2] - [E(e^X)]^2 = -\frac{1}{2}(e^2 - 4e + 3),$$

$$\mathrm{Cov}[h(X), f(X)] = E[h(X)f(X)] - E[h(X)]E[f(X)] = \frac{1}{2}(3-e),$$

$$c^* = -\frac{\mathrm{Cov}[h(X), f(X)]}{\mathrm{Var}[f(X)]} = -6(3-e),$$

$$\rho^2[h(X), f(X)] = \frac{\mathrm{Cov}^2[h(X), f(X)]}{\mathrm{Var}[f(X)]\mathrm{Var}[h(X)]} = -\frac{6(3-e)^2}{e^2 - 4e + 3}.$$

相关理论值的 R 代码如下：

```
Var.h=-0.5*(exp(2)-4*exp(1)+3)      ##h(X) 的理论方差
Var.f=1/12                           ##f(X) 的理论方差
Cov.hf=0.5*(3-exp(1))                ##h(X) 和 f(X) 的理论协方差
Corr.hf2=(Cov.hf)^2/(Var.h*Var.f)    ##h(X) 和 f(X) 的方差缩减率理论值
Cs=-Cov.hf/Var.f                     ## 系数 c 的理论值
Var.yc=Var.h-Cov.hf^2/Var.f          ## 在 cs 条件下 y 的方差理论值
Corr.hf=Cov.hf/sqrt(Var.h*Var.f)     ##h(X) 和 f(X) 的理论相关系数
```

用模拟方法获得控制变量法积分估计值及其方差的 R 代码如下：

```
set.seed(1)
n=1000
x=runif(n)
theta.e=mean(exp(x))                          ### 一般方法估计值
sigma2.e=sum((exp(x)-theta.e)^2)/(n*(n-1))    ### 一般方法估计量的方差
```

计算系数 c 的估计值的 R 代码如下：

```
set.seed(2)
m=2000
x1=runif(m)
f1=x1                    ### m 个 f(x) 的值
h1=exp(x1)               ### m 个 h(x) 的值
Cov.hf=cov(h1,f1)        ### h(X) 和 f(X) 的样本协方差
Var.f=var(f1)            ### f(X) 的样本方差
Cs.e=-Cov.hf/Var.f       ### 系数 c 的估计值
```

控制变量法积分估计值及其方差的 R 代码如下：

```
mu=0.5
f=x                      ### n 个 f(x) 的值
h=exp(x)                 ### n 个 h(x) 的值
y=h+Cs.e*(f-mu)          ### n 个 y 的值
```

```
theta. cv＝mean(y)                          ＃＃＃ 控制变量法积分估计值
sigma2. cv＝sum((y－theta. cv)^2)/(n＊(n－1))   ＃＃＃ 控制变量法的方差
cor(h,f)                                    ＃＃h(X) 和 f(X) 的样本相关系数
```

用一般方法，得到 $\int_0^1 e^x dx$ 的估计值 $\hat{\theta}=1.7178$，估计量方差为 $\mathrm{Var}(\hat{\theta})=0.0002$. 使用控制变量法，积分估计值为 $\hat{\theta}_c=1.7183$，对应方差 $\mathrm{Var}(\hat{\theta}_c)=4\mathrm{e}-06$. 方差缩减率为 98.36%.

$\rho[h(X), f(X)]$ 是衡量方差缩减效果的重要指标. 此例中，相关系数理论值 $\rho[h(X), f(X)]=0.9918268$，估计值为 $\hat{\rho}[h(X), f(X)]=0.9917653$. 理论值和模拟值很接近，模拟效果较好，且相关系数接近 1，达到了很好的方差缩减效果. 为了提高方差缩减率，需注意 $f(X)$ 的选择.

4.6　条件期望法

第 1 章介绍了条件方差公式：
$$\mathrm{Var}(X) = E[\mathrm{Var}(X \mid Y)] + \mathrm{Var}[E(X \mid Y)],$$
由等式后两项的非负特征可知
$$\mathrm{Var}(X) \geqslant \mathrm{Var}[E(X \mid Y)].$$
假定要模拟的随机变量 X 的期望 $\theta=EX$. 由双重期望公式
$$E[E(X \mid Y)] = EX$$
知，$E(X|Y)$ 和 X 均为 θ 的无偏估计，即
$$E[E(X \mid Y)] = EX = \theta.$$
可见条件抽样比直接抽样的精度要高.

给定某个随机变量 Y 及其概率分布，当 Y 给定时，X 的条件分布可以确定. 我们可以先从 Y 中抽样得到 $Y_1, Y_2, \cdots, Y_n$，然后计算出 $E[X|Y=y_i]$，再用
$$\bar{X}_Y = \frac{1}{n}\sum_{i=1}^n E[X \mid Y = y_i]$$
对 θ 进行估计. 易知 $\bar{X}_Y$ 是 θ 的无偏估计，且
$$\mathrm{Var}(\bar{X}_Y) = \frac{1}{n}\mathrm{Var}[E(X \mid Y)]$$
$$= \frac{1}{n}\mathrm{Var}(X) - \frac{1}{n}E[\mathrm{Var}(X \mid Y)].$$

例 4.10　用统计模拟方法估计 π.

假设随机变量 (X, Y) 服从面积为 4、中心在原点的正方形上的均匀分布. 现在考虑用直接法和条件期望法估计随机点落在半径为 1 且包含在正方形中的圆盘里的概率，并比较它们的有效性.

解　由于 (X, Y) 是正方形上的均匀分布，就有
$$p\{(X, Y) \text{ 属于圆盘}\} = p\{X^2 + Y^2 \leqslant 1\}$$
$$= \frac{\text{圆盘面积}}{\text{正方形面积}}$$
$$= \frac{\pi}{4}.$$

(1) 直接法：如果从正方形中产生大量的随机数，则落在圆中的随机数比率近似等于 $\frac{\pi}{4}$. 若 X 和 Y 是独立的且服从 $(-1, 1)$ 上的均匀分布，则其联合密度为

$$f(x, y) = f(x)f(y) = \frac{1}{2} \times \frac{1}{2} = \frac{1}{4}, -1 \leqslant x \leqslant 1, -1 \leqslant y \leqslant 1.$$

如果 U 服从 $(0, 1)$ 上的均匀分布，则 $2U$ 服从 $(0, 2)$ 上的均匀分布，则 $2U-1$ 服从 $(-1, 1)$ 上的均匀分布. 若产生随机数 U_1 和 U_2，令 $X = 2U_1 - 1$ 和 $Y = 2U_2 - 1$，并定义

$$I = \begin{cases} 1, & 若 X^2 + Y^2 \leqslant 1; \\ 0, & 否则. \end{cases}$$

则有

$$E[I] = p\{X^2 + Y^2 \leqslant 1\} = \frac{\pi}{4}.$$

从而我们可以用大量的随机数对 U_1，U_2 来估计 $\frac{\pi}{4}$，即用满足

$$(2U_1 - 1)^2 + (2U_2 - 1)^2 \leqslant 1$$

的点数与随机抽取的点数的比值，来估计 $\frac{\pi}{4}$. 易知

$$\mathrm{Var}(I) = \frac{\pi}{4}\left(1 - \frac{\pi}{4}\right) = 0.1686.$$

(2) 条件期望法：令 $V_i = 2U_i - 1$，其中 U_i，$i = 1, 2$ 是均匀随机数，令

$$I = \begin{cases} 1, & 若 V_1^2 + V_2^2 \leqslant 1; \\ 0, & 否则. \end{cases}$$

可得

$$\begin{aligned} E[I \mid V_1 = v] &= p\{V_1^2 + V_2^2 \leqslant 1 \mid V_1 = v\} \\ &= p\{v^2 + V_2^2 \leqslant 1\} = p\{V_2^2 \leqslant 1 - v^2\} \\ &= p\{-\sqrt{1-v^2} \leqslant V_2 \leqslant \sqrt{1-v^2}\} \\ &= \int_{-\sqrt{1-v^2}}^{\sqrt{1-v^2}} \frac{1}{2}\mathrm{d}x \\ &= \sqrt{1-v^2}. \end{aligned}$$

从而

$$E[I \mid V_1] = \sqrt{1 - V_1^2},$$
$$\begin{aligned} \mathrm{Var}(E[I \mid V_1]) &= \mathrm{Var}(\sqrt{1 - V_1^2}) \\ &= E(1 - V_1^2) - (E(\sqrt{1 - V_1^2}))^2 \\ &= \frac{2}{3} - \left(\frac{\pi}{4}\right)^2 \\ &= 0.0498. \end{aligned}$$

条件期望方差缩减法使得独立抽样法的方差减少了 70.44%，且抽样数减少一半. 进一步还可以看到

$$E\left[\sqrt{1-V_1^2}\right] = \int_{-1}^1 \sqrt{1-x^2}\,\frac{1}{2}\mathrm{d}x$$

$$= \int_0^1 \sqrt{1-x^2}\,\mathrm{d}x$$

$$= E\left[\sqrt{1-U^2}\right].$$

其中，U 为均匀随机数. 因为函数 $\sqrt{1-U^2}$ 在区间 $(0,1)$ 上是单调减少的，所以又可以用对偶变量法对上述模拟再做进一步的改进.

当单独使用一种技巧降低方差的效果仍然不够理想时，可以考虑采用组合技巧，把几种技巧综合使用，达到降低方差的效果.

例 4.11 假定 Y 是一个均值为 1 的指数分布随机变量，在 $Y=y$ 的条件下，$X \sim N(y, 4)$. 如何利用随机模拟的方法有效估计 $\theta = p\{X>1\}$？

解 直接（粗糙的）方法. 由逆变换法产生一个指数分布随机数 Y，即 $Y = -\log U$；在 $Y=y$ 的条件下，再产生正态分布随机数 $X \sim N(y, 4)$，令

$$I = \begin{cases} 1, & \text{若 } X > 1; \\ 0, & \text{若 } X \leqslant 1. \end{cases}$$

通过多次模拟，把 I 的平均值作为 θ 的估计.

下面我们对上述方法加以改进. 在 $Y=y$ 的条件下，若令

$$Z = \frac{X-y}{2},$$

则 $Z \sim N(0, 1)$.

根据前面的假定和分析，可知

$$E[I \mid Y=y] = P\{X > 1 \mid Y = y\}$$

$$= P\left\{Z > \frac{1-y}{2}\right\}$$

$$= \overline{\Phi}\left(\frac{1-y}{2}\right),$$

其中 $\overline{\Phi}(x) = 1 - \Phi(x)$. 通过多次模拟 $\overline{\Phi}(x)$，将其平均值作为 θ 的估计，由前面结论知该方法要优于前者.

由于条件期望估计 $\overline{\Phi}(x) = 1 - \Phi(x)$ 是 Y 的单调函数，因此可进一步采用对偶变量法改进抽样的效. 即产生一个随机数 U，给出如下估计：

$$\frac{\overline{\Phi}\left(\dfrac{1+\log(U)}{2}\right) + \overline{\Phi}\left(\dfrac{1+\log(1-U)}{2}\right)}{2}.$$

例 4.12 在保险业务中，令 X_i 表示第 i 的客户的理赔额，N 表示到某个特定的时刻 t 保险公司被索赔的次数. 令

$$S = \sum_{i=1}^N X_i$$

是到 t 时刻保险公司的理赔总额. 通常假定 X_i，$i = 1, 2, \cdots$ 是独立同分布的. 如果在给定随机变量 $\Lambda = \lambda$ 的条件下，N 的条件分布是具有均值 λ 的 Poisson 过程，称 N 是一个合成的 Poisson 随机变量. 如果 Λ 有概率密度函数 $g(\lambda)$，则

$$P\{N = n\} = \int_0^\infty \frac{e^{-\lambda}\lambda^n}{n!} g(\lambda) d\lambda.$$

保险公司要正常运转，就有必要对破产概率进行估计：

$$p = P\left\{\sum_{i=1}^N X_i > c\right\},$$

其中，$c > 0$ 为保费总额.

解 直接模拟的方法步骤如下：

(1) 产生 N 的值，记为 $N = n$.

(2) 产生 $X_1, X_2, \cdots, X_n$ 的值，令

$$I = \begin{cases} 1, & 若 \sum_{i=1}^N X_i > c; \\ 0, & 否则. \end{cases}$$

(3) 产生若干 I 的值，然后计算其平均值即为 p 的估计量.

下面考虑运用条件期望法，令

$$M = \min\left(n: \sum_{i=1}^N X_i > c\right).$$

注意到 $I = 1 \Leftrightarrow N \geq M$，而

$$E[I \mid M = m] = P\{N \geq M \mid M = m\} = P\{N \geq m\}.$$

因此可以通过条件期望法对上述估计量进行改进.

算法步骤如下：

step 1：产生 X_i 的值，直到产生的随机数的和超过常数 c 时停止；

step 2：令 M 为 step 1 中 X_i 的个数；

step 3：用 $P\{N \geq m\}$ 作为该模拟的 p 的值.

习 题 4

1. 请分别以

$$f_1(x) = 1, \quad 0 < x < 1.$$

$$f_2(x) = \frac{e^{-x}}{1 - e^{-1}}, \quad 0 < x < 1.$$

$$f_3(x) = \frac{4}{\pi(1 + x^2)}, \quad 0 < x < 1.$$

作为重要函数，运用重要抽样法估计积分

$$\theta = \int_0^1 \frac{e^{-x}}{1 - e^{-1}} dx,$$

并分析比较相应的方差缩减率.

2. 分别用等比例和最优分层抽样法估计

$$\theta = E(\sqrt{1 - U^2}), U \sim U(0, 1),$$

并与一般样本均值法估计量的有效性进行比较.

3. 用对偶变量法估计

$$\theta = \int_0^1 e^{x^2} \, dx,$$

并与一般方法比较估计量的方差.

4. 假设 X_k, $k=1, 2, \cdots, 5$ 是均值为 1 独立的指数随机变量, 试用对偶变量法估计

$$\theta = p\left\{\sum_{k=1}^5 kX_k \geqslant 21.6\right\}.$$

5. 用控制变量法给出 $\theta = E[e^{(U+V)^2}]$ 的估计和方差. 其中 U, V 独立同分布, 均服从 $U(0, 1)$, 且选择控制变量 $f = (U+V)^2$.

6. 设 X 和 Y 是相互独立且均值分别为 1 和 2 的指数分布随机变量. 试用条件期望法估计

$$P\{X + Y > 4\}.$$

7. 设 X 和 Y 是相互独立的 $b(n, p)$ 随机变量, 令 $\theta = E[e^{XY}]$.

(1) 给出 θ 的直接估计.

(2) 用控制变量法估计 θ.

(3) 用条件期望法估计 θ.

第 5 章　统 计 实 验

统计实验是指根据问题，应用统计软件编程进行模拟分析，验证结论的正确性或体验和发现统计结论. 统计实验或模拟仿真是随着计算机的发展而快速发展起来的一种重要的研究方法. 利用统计软件 R 产生符合要求的随机数，代替现实中的数据获取，完成问题的验证或解决. 模拟仿真的快速发展和广泛使用，使得统计学在某种意义上也变成了一个"实验"学科.

本章分为随机取数实验和实际应用问题统计实验两部分.

5.1　随机取数实验

通过随机取数的实验方式算出某个事件发生的概率，这类方法具有一定的推广性，是随机模拟的实验基础.

例 5.1　从 $1\sim4$ 中随机无放回选 3 个数，求组成偶数的概率.

理论分析　根据古典概率求法，

$$P = \frac{C_2^1 P_3^2}{P_4^3} = 0.5,$$

或由对称性知.

模拟分析　产生随机数，把偶数情况的频数统计下来，算出频率，根据大数定律得到相应事件的概率近似值.

利用 MC 方法的 R 程序如下：

```
### 利用 sample 函数
evennumber1<-function(m) {
  n<-0
  for (j in 1:m) {
    X=sample(1:4,3,rep(1/4,4),replace=F)
    if(X[3]%%2==0) {n<-n+1}
    else {n<-n}
  }
  rt<-c('偶数次数'=n,'偶数频率'=n/m) ;rt
}
evennumber1(10000)
```

本次运行结果是 0.4988，和理论结果 0.5 很接近.

例 5.2　从 $0\sim9$ 中随机无放回选 4 个数，求组成偶数的概率.

理论分析　根据古典概率求法，样本空间的点数有 P_{10}^4 个；不含 0 的偶数有 $C_4^1 P_8^3$ 个，0 在末位的偶数有 P_9^3 个，0 在中间两个数位的偶数有 $C_2^1 C_4^1 P_8^2$ 个. 所以

$$P = \frac{C_4^1 P_8^3 + P_9^3 + C_2^1 C_4^1 P_8^2}{P_{10}^4} = 0.4556.$$

模拟分析 产生随机数,把符合要求的偶数情况的频数统计下来,算出频率,根据大数定律得到相应事件的概率近似值.

利用 MC 方法的 R 程序如下:

```
evennumber2<-function(n) {
  m<-0
  for (j in 1:n) {
      x=sample(0:9,4,replace=F)
      if(x[1]!=0 & x[4]%%2==0) {m<-m+1}
      else {m<-m}
  }
  rt<-c('偶数次数'=m,'偶数频率'=m/n)
  rt
}
evennumber2(10000)
```

本次运行结果是 0.4512,和理论结果 0.4556 很接近.

例 5.3 从 1~10 中随机有放回选 7 个数,求它们都不相同的概率(生日问题).

理论分析 根据古典概率求法,

$$P = \frac{P_{10}^7}{10^7} = 0.06048.$$

模拟分析 产生随机数,把符合要求情况的频数统计下来,根据大数定律得到概率近似值. 放回抽样,可以采用 floor() 函数.

利用 MC 方法的 R 程序如下:

```
getnumber3<-function(n) {
  m<-0
  for (j in 1:n) {
    x=sample(1:10,7,replace=T)
    if(length(unique(x))==7) m<-m+1
  }
  rt<-c('不同次数'=m,'频率'=m/n)
  rt
}
getnumber3(10000)
```

本次运行结果是 0.0609,和理论结果 0.06048 很接近.

例 5.4 从 1~10 中随机有放回选 7 个数,求 10 恰好出现 2 次的概率.

理论分析 根据古典概率求法,

$$P = \frac{C_7^2 9^5}{10^7} = 0.124.$$

模拟分析 产生随机数,把符合要求情况的频数统计下来,根据大数定律得到概率近似值. 利用 R 中的 sort() 函数,10 恰好出现 2 次,即排序后(从小到大)第 5 个小于 10,而第 6 个等于 10.

利用 MC 方法的 R 程序如下：

```
getnumber4<-function(n) {
  m<-0
  for (j in 1:n) {
    x=sample(1:10,7,replace=T)
    if(sort(x)[5]<10 & sort(x)[6]==10) m<-m+1
  }
  rt<-c('10 出现 2 次的频数'=m,'频率'=m/n); rt
}
getnumber4(10000)
```

本次运行结果是 0.1281，和理论结果 0.124 很接近.

例 5.5 从 0~9 中随机不放回选 3 个数，求没有 0 和 5 的概率.

理论分析 根据古典概率求法，

$$P = \frac{P_8^3}{P_{10}^3} = 0.46667.$$

模拟分析 产生随机数，把符合要求情况的频数统计下来，根据大数定律得到概率近似值.

利用 MC 方法的 R 程序如下：

```
getnumber5<-function(n) {
  m<-0
  for (j in 1:n) {
    x=sample(0:9,3,replace=F)
    if (prod(x)%%5 !=0) m<-m+1
  }
  rt<-c('没有 0 和 5 的频数'=m,'频率'=m/n)
  rt
}
getnumber5(10000)
```

本次运行结果是 0.4662，和理论结果 0.46667 很接近.

5.2　统计应用问题的理论分析与模拟分析

下面主要对一些经典的随机统计问题或应用问题进行统计实验，从理论分析和编程模拟分析两个方面着手.

5.2.1　蒲丰投针实验

法国数学家蒲丰于 1777 年完成的投针实验是历史上第一个统计模拟实验，可以利用实验结果估计圆周率 π. 该实验可以表述为：向一簇距离为 2a 的平行线构成的平面中投掷一根长度为 2l 的针，求针与直线相交的概率. 这里假设 l<a. 实验图形如图 5.1 所示.

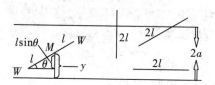

图 5.1　蒲丰投针实验中几种可能的情况

图中选取了两条平行线作为代表，其中线段 WW 代表针，该图给出了针与直线可能的几种相对位置，包括相交和不相交两种情况. 以针 WW 来分析，设其中点为 M，M 到最近一条平行直线的距离为 y，设针与水平方向的夹角为 θ，则 $0 \leqslant y \leqslant a$，$0 \leqslant \theta \leqslant \pi$. 相互独立的 y 与 θ 的联合分布为均匀分布，即其联合密度函数为

$$f(y, \theta) = \begin{cases} \dfrac{1}{\pi a}, & 0 \leqslant y \leqslant a,\ 0 \leqslant \theta \leqslant \pi; \\ 0, & \text{其他.} \end{cases}$$

分析易知针与直线相交的条件为 $y \leqslant l\sin\theta$，从而有相交的概率为

$$p = P(y \leqslant l\sin\theta) = \int_0^\pi \int_0^{l\sin\theta} \frac{1}{\pi a} \mathrm{d}y \mathrm{d}\theta = \frac{2l}{\pi a}.$$

或者根据古典概率的几何意义来求解，即为图 5.2 中的曲线与横轴围成的面积占整个矩形面积的比.

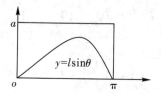

图 5.2　相交的函数关系图形

由大数定律，得到 p 的估计 $\hat{p}$，则由上式可以得到圆周率 π 的估计值

$$\hat{\pi} = \frac{2l}{\hat{p}a} = \frac{n}{n_0}\frac{2l}{a}.$$

其中，n 是投针实验次数，n_0 是相交次数.

R 代码（蒲丰投针实验）：

```
#蒲丰投针实验
buffon<-function(a,l,n){
  y<-0; theta<-0; m<-0
  for (i in 1:n){
    y[i]<-a * runif(1)
    theta[i]<-pi * runif(1)
    if (y[i]<=l * sin(theta[i])) m<-m+1
  }
  p<-m/n  #估计概率
  pie<-(2 * l)/(p * a)  #pi 估计值
  result<-c('估计概率'=p,'pi 估计值'=pie)
  result
```

```
}
buffon(1,0.8,100000)
```
本次运行结果是 3.145767.

5.2.2 电梯问题理论分析与模拟实验

问题 有 r 个人在一楼进入电梯，楼上共有 n 层. 设每个乘客在任何一层楼出电梯的概率相同. 试建立一个概率模型，求直到电梯中的人下完为止，电梯需停次数的数学期望，并对 $r=10$，$n=7$ 进行模拟验证.

理论分析 把电梯作为考虑对象，电梯每层要么停要么不停，只有这两种情况. 而停与不停是随机的，因此可把电梯每层停与不停用一个两点分布随机变量表示，定义一个随机变量序列

$$\xi_i = \begin{cases} 1, & \text{楼上第 } i \text{ 层电梯要停;} \\ 0, & \text{楼上第 } i \text{ 层电梯不停.} \end{cases}$$

$\xi_i = 0$ 时当且仅当第 i 层电梯没有一个人出电梯，每个人在第 i 层不出电梯的概率为 $1 - \frac{1}{n}$，而每个人出与不出电梯又是独立的，因此所有 r 个人都不出电梯的概率，即 $\xi_i = 0$ 的概率为

$$P(\xi_i = 0) = \left(1 - \frac{1}{n}\right)^r.$$

进而可得

$$P(\xi_i = 1) = 1 - \left(1 - \frac{1}{n}\right)^r, \quad E(\xi_i) = 1 - \left(1 - \frac{1}{n}\right)^r.$$

记 $\xi = \xi_1 + \xi_2 + \cdots + \xi_n$，则 ξ 表示停电梯的次数，$\xi \sim B(n, p)$，其中 $p = 1 - \left(1 - \frac{1}{n}\right)^r$，

$$E(\xi) = np = n\left[1 - \left(1 - \frac{1}{n}\right)^r\right].$$

模拟分析 r 个人中每个人在 1 楼上面每层楼出电梯的概率均为 $\frac{1}{n}$，将每个人出电梯的楼层进行随机抽样，然后统计不同楼层的数目即为电梯开门的次数. 将实验重复进行，得到一组电梯开门次数的样本值，根据大数定律样本均值收敛到所求期望值.

R 代码演示：

```
###电梯问题  r表示人数;n表示1楼以上楼层数
elevator<-function(r, n,m){
  y=0
  for (i in 1:m){
    u<-runif(r)
    x=floor(n*u)+1
    y[i]=length(unique(x))
  }
  rt=mean(y);rt
}
elevator(10,7,5000)
```

本次程序运行结果是 5.4894,理论结果是 5.5016,二者很接近.

5.2.3　掷骰子问题理论分析与模拟实验

问题　一颗骰子投 4 次至少得到一个六点与两颗骰子投 24 次至少得到一个双六点,这两个事件哪一个概率更大?

这是一个概率发展史上有名的古典概率问题,由德梅尔(Demel)向巴斯卡(Pascal)提出.

理论分析　记 A:一颗骰子投 4 次至少得到一个六点,B:两颗骰子投 24 次至少得到一个双六点,则 $\bar{A}$ 表示一颗骰子投 4 次没有出现一个六点,$\bar{B}$ 表示两颗骰子投 24 次没有出现一个双六点.

由于每次实验是独立的,一颗骰子投 1 次不出现六点的概率为 $\dfrac{5}{6}$,投 4 次不出现六点的概率 $p(\bar{A}) = \left(\dfrac{5}{6}\right)^4$,从而一颗骰子投 4 次至少得到一个六点的概率为

$$p(A) = 1 - \left(\frac{5}{6}\right)^4 = 0.5177.$$

掷 1 次双骰子不出现双六点的概率为 $\dfrac{35}{36}$,投 24 次双骰子不出现双六点的概率 $p(\bar{B}) = \left(\dfrac{35}{36}\right)^{24}$,从而两颗骰子投 24 次至少得到一个双六点的概率为

$$p(B) = 1 - p(\bar{B}) = 1 - \left(\frac{35}{36}\right)^{24} = 0.4915.$$

从而事件 A 的概率比事件 B 的概率大.

模拟分析　仿照掷骰子,模拟产生 4 个 1～6 的随机数,由至少有一个 6 得到事件 A 的一个模拟结果;每次独立产生两个 1～6 的随机数,实验重复 24 次,根据是否出现双 6 得到事件 B 的一个模拟结果.将实验大量重复进行,根据大数定律,得到事件 A 和 B 发生的频率作为概率近似值.

R 代码演示:

```
＃A 表示 4 次掷骰子至少有一次 6 点
＃B 两颗骰子投 24 次至少得到一个双六点
sice<-function(n){
  p1=0; p2=0
  for (i in 1:n){
    u1<-runif(4)
    x1=floor(6 * u1)+1
    if (max(x1)==6) p1=p1+1
    x2=floor(6 * runif(24))+1
    x3=floor(6 * runif(24))+1
    if (max(x2+x3)==12) p2=p2+1
  }
  rt<-c('p(A)'=p1/n,'p(B)'=p2/n);rt
```

```
}
sice(10000)
```

本次运行结果是 0.4874.

5.2.4 报童问题理论分析与模拟实验

问题 设某报每日的潜在卖报数 ξ 服从参数为 λ 的 Poisson 分布. 如果每卖出一份报可得报酬 a 元, 卖不掉而退回则每份赔偿 b 元. 若某日该报童买进 n 份报, 试求其期望所得, 并对 $a=1.5$, $b=0.6$, $\lambda=120$, 买进报数 $n_1=100$, $n_2=140$ 分别作计算机模拟.

理论分析 当市场需求 $\xi<n$, 将只能卖出 ξ 份报; 当市场需求 $\xi\geqslant n$, 则将卖出全部 n 份报. 而 ξ 服从参数为 λ 的 Poisson 分布. 设随机变量 η 为实际卖出的报数, 则易知其为截尾的 Poisson 分布, 即

$$P(\eta=k)=\begin{cases}\dfrac{\lambda^k}{k!}\mathrm{e}^{-\lambda}, & k<n;\\[2mm]\displaystyle\sum_{k=n}^{\infty}\dfrac{\lambda^k}{k!}\mathrm{e}^{-\lambda}, & k=n.\end{cases}$$

记收入为随机变量 δ, 则 δ 与 η 的关系如下:

$$\delta=g(\eta)=\begin{cases}an, & \eta=n;\\ a\eta-b(n-\eta), & \eta<n.\end{cases}$$

则收入期望所得为

$$E[\delta]=E[g(\eta)]=\sum_{k=0}^{n-1}\frac{\lambda^k}{k!}\mathrm{e}^{-\lambda}[ka-b(n-k)]+\left(\sum_{k=n}^{\infty}\frac{\lambda^k}{k!}\mathrm{e}^{-\lambda}\right)na$$

$$=(a+b)\sum_{k=0}^{n-1}k\frac{\lambda^k}{k!}\mathrm{e}^{-\lambda}-n(a+b)\sum_{k=0}^{n-1}\frac{\lambda^k}{k!}\mathrm{e}^{-\lambda}+na.$$

模拟分析 模拟产生 Poisson 分布随机数, 得到卖出报纸的张数, 求出报童的收入. 将实验大量重复进行, 根据大数定律, 得到报童的收入的模拟均值. 进报张数分别为 $n_1=100$, $n_2=140$ 时, 根据理论分析结果, 可算得期望值分别为 149.74 和 167.65 元.

R 代码演示:

```
#报童问题:n 表示实验次数;m 表示进报张数
newspaper<-function(n,m,lambda,a,b){
  y=0
  for (i in 1:n){
    x<-rpois(1,lambda)
    if (x<m) y[i]=a*x-b*(m-x)
    if (x>=m) y[i]=a*m
  }
  mean(y)
}
newspaper(10000,100,120,1.5,0.6)
newspaper(10000,140,120,1.5,0.6)
```

本次运行结果分别是 149.7451 和 167.5395, 与理论结果也都很接近.

5.2.5 摸球问题理论分析与模拟实验

问题 盒中有 12 个乒乓球, 其中 9 个是新的, 第一次比赛时从中选出 3 个, 比赛后仍放回盒中, 第二次比赛时再从盒中选出 3 个. (1) 求第二次取出的球都是新球的概率; (2) 又已知第二次取出的球都是新球, 求第一次取出的球都是新球的概率.

理论分析 设 A_0 代表第一次取到的 3 个球全是旧的, A_1 代表第一次取到的 3 个球有 1 个是新的, A_2 代表第一次取到的 3 个球有 2 个是新的, A_3 代表第一次取到的 3 个球全是新的, B 代表第二次取到的 3 个球全是新的. 由全概率公式有:

$$P(B) = \sum_{i=0}^{3} P(A_i) P(B \mid A_i)$$

$$= \frac{C_9^0 C_3^3}{C_{12}^3} \frac{C_9^3}{C_{12}^3} + \frac{C_9^1 C_3^2}{C_{12}^3} \frac{C_8^3}{C_{12}^3} + \frac{C_9^2 C_3^1}{C_{12}^3} \frac{C_7^3}{C_{12}^3} + \frac{C_9^3 C_3^0}{C_{12}^3} \frac{C_6^3}{C_{12}^3}$$

$$= \frac{441}{3025} = 0.14579,$$

$$P(A_3 \mid B) = \frac{P(A_3) P(B \mid A_3)}{P(B)} = \frac{\dfrac{C_9^3 C_3^0}{C_{12}^3} \dfrac{C_6^3}{C_{12}^3}}{P(B)} = \frac{5}{21} = 0.2381.$$

模拟分析(1) 不妨给 12 个球编号, 并假定 1、2、3 号球是旧球, 相对于第二次取球而言, 1、2、3 号球和第一次取到的球都是新球. 运用 union(X, Y) 函数, 求数集 X 和 Y 的并集. 将实验大量重复进行, 根据伯努利大数定律, 频率收敛到概率.

R 代码演示:

```
tabletennis1<-function(n) {
  m<-0
  for (j in 1:n){
    x=sample(1:12,3,rep(1/12,12),replace=F)
    y=union(1:3, x)
    z=sample(1:12,3,rep(1/12,12),replace=F)
    if(length(intersect(y,z))==0){m<-m+1}
    else {m<-m}
  }
  rt<-c('次数'=m,'频率'=m/n)
  rt
}
tabletennis1(10000)
```

本次运行结果是 0.1451.

模拟分析(2) 由已知条件, 第二次取到的球必不包含 1、2、3 号球, 第一次取到的球必不包含 1、2、3 号球且不同于第二次取到的球. 将实验大量重复进行.

R 代码如下:

```
tabletennis2<-function(n) {
  k=0;m<-0
```

```
for (j in 1:n){
    x=sample(1:12,3,rep(1/12,12),replace=F)
    y=union(1:3, x)
    if (length(y)<6) next
    k=k+1
    z=sample(setdiff(1:12,x),3,rep(1/9,9),replace=F)
    if(length(intersect(1:3,z))==0){m<-m+1}
    #else {m<-m}
}
rt<-c('第二次全新次数'=k,'第一次全新次数'=m,'P'=m/k)
rt
}
tabletennis2(10000)
```

本次运行结果是 0.2353565.

5.2.6 轮船相遇问题理论分析与模拟实验

问题　甲乙两艘轮船驶向一个不能同时停泊两艘轮船的码头停泊，它们在一昼夜到达的时刻是等可能的，如果甲船停泊的时间是 1 h，乙船停泊的时间是 2 h，求它们任何一艘都不需要等待码头空出的概率.

理论分析　该问题是一个几何概率问题.

设甲到达时刻为 X，乙到达时刻为 Y. 由于甲乙轮船在一昼夜到达的时刻是等可能的，因而 $0 \leqslant X \leqslant 24$，$0 \leqslant Y \leqslant 24$，且 X，Y 都服从 $[0, 24]$ 上的均匀分布. 由条件知，当甲先到时，则 $Y > X$，若乙不需要等待，则 $Y - X > 1$；当乙先到时，则 $X > Y$，若甲不需要等待，则 $X - Y > 2$.

$$P = \frac{0.5 \times 23^2 + 0.5 \times 22^2}{24^2} = 0.8793.$$

模拟分析　不需要等待码头空出的概率转化为随机投点问题，即求随机点落在相应区域的频率.

R 代码演示：

```
#轮船相遇问题的概率
steamship<-function(n){
    p=0;
    for(i in 1:n){
        x=runif(1,0,24);y=runif(1,0,24)
        if (y-x>1 | x-y>2) p=p+1
    }
    list(rt=p/n)
}
steamship(10000)
```

本次运行结果是 0.8792.

习 题 5

1. 从 1～10 中随机有放回选 7 个数,用统计模拟的方法求 10 至少出现 2 次的概率.

2. 从 5 双鞋子中随机抽取 4 只,求至少组成 1 双的概率.

3. (信与信封匹配问题)某人先写了 n 封投向不同地址的信,再写 n 个标有这 n 个地址的信封,然后在每个信封内装入一封信. 设 $n=10$,试用统计模拟的方法求:

(1) 至少有一封信放对的概率.

(2) 放对信封数的数学期望.

4. 令 U_1,U_2,… 是一个 i. i. d 序列,且 $U_i \sim U(0,1)$. 令

$$N = \min\left\{n : \sum_{i=1}^{n} U_i > 1\right\}.$$

用统计模拟的方法求 $E(N)$,并把模拟结果和第一章中该问题的理论结果作比较.

5. (保险问题)某家保险公司车险业务有 1000 个客户,每个客户索赔的概率为 0.05,客户索赔额具有数学期望为 800 的指数型分布,用模拟的方法估计索赔额超过 60000 元的概率. 并与理论结果进行比较.

6. 洗好编号分别为 1,2,…,100 的纸牌,有放回的每次从中任取一张,如果第 i 次抽中的纸牌恰好为纸牌 i,则称之为成功($i=1,2,…,100$). 用 R 编程估计成功次数的期望与方差,并与理论分析结果作比较.

7. (生日问题)美国数学家伯格米尼曾经做过一个别开生面的实验:在一个盛况空前、人山人海的世界杯赛场上,他随机地在某号看台上召唤了 22 个球迷,请他们分别写下自己的生日,结果竟发现其中有两人同生日. 怎么会这么凑巧呢? 通过分析求出理论概率,并运用模拟方法求出概率的近似值. 人数分别为 40,50,64 时,又如何?

8. (赶火车问题)一列火车从 A 站开往 B 站,某人每天从 B 站上火车. 他已了解到火车从 A 站到 B 站的运行时间服从均值为 30 分钟、标准差为 2 分钟的正态分布. 火车大约 13 点离开 A 站,此人大约 13:30 到达 B 站. 火车离开 A 站的时刻及概率和此人到达 B 站的时刻及概率分别如表 1 和表 2 所示. 用模拟实验的方法求他赶上火车的概率.

表 1　火车离开 A 站的时刻及概率

火车离站时刻	13:00	13:05	13:10
P	0.7	0.2	0.1

表 2　某人到达 B 站的时刻及概率

人到达时刻	13:28	13:30	13:32	13:34
P	0.3	0.4	0.2	0.1

9. (电力供应问题)某车间有 200 台机床,它们相互独立工作,各车床开工率为 0.6,开工时耗电 1 kW. 问供电部门至少要给车间多少电力,才能以 99.9% 的概率保证车间机床正常工作. 就该问题分别作理论分析和模拟分析.

第 6 章　EM 算法

EM 算法是一种数据扩充算法，同时也是一种迭代算法，最初由 Dempster 等提出，并主要用于计算后验众数（及极大似然估计），每次迭代由两步构成：E 步（期望步）和 M 步（极大步）。这是近些年来发展很快且应用极为广泛的一种算法，它不是直接对复杂的后验分布进行极大化或模拟，而是在观测数据的基础上扩充一些"潜在数据（Latent Data）"，从而简化计算并完成一系列简单的极大化或模拟，这里的"潜在数据（latent data）"可以是"缺损数据（Missing Data）"或未知参数。本章首先介绍 EM 算法的原理和相关理论结果；然后通过几个典型的例子讲解 EM 算法的应用；最后概述 EM 算法的相关问题与扩展。

6.1　EM 算法简介

6.1.1　EM 算法原理

假定能观测到的数据是 Y，θ 关于 Y 的后验分布 $p(\theta|Y)$ 很复杂，难以进行各种统计计算。假如我们能够假定一些没能观测到的潜在数据 Z 为已知（例如，Y 为某变量的截尾观测值，Z 为该变量的真值），则可能得到一个关于 θ 的简单添加后验分布 $p(\theta|Z,Y)$，利用 $p(\theta|Z,Y)$ 的简单性我们既可以进行各种统计计算，如极大化、抽样等，然后又可以对 Z 的假定做检查并改进，如此反复，我们就将一个复杂的极大化或抽样问题转化为一系列简单的极大化或抽样。EM（Expectation Maximization）算法和 MCMC（Markov Chain Monte Carlo）算法是常用的两类数据扩充算法。

EM 算法每次迭代由 E 步（期望步）和 M 步（极大步）构成。通常用 $p(\theta|Y)$ 表示 θ 的基于观测数据的后验分布密度函数，称为观测后验分布，$p(\theta|Z,Y)$ 表示添加数据 Z 后得到的关于 θ 的后验分布密度函数，称为添加后验分布，$p(Z|\theta,Y)$ 表示在给定 θ 和观测数据 Y 下扩充变量 Z（潜在数据）的条件分布密度函数。目的是要计算观测后验分布 $p(\theta|Y)$ 的众数。

6.1.2　EM 算法的步骤

记 $\theta^{(i)}$ 为第 $i+1$ 次迭代开始时后验众数的估计值，则第 $i+1$ 次迭代由下面两步构成：

E 步：将 $p(\theta|Z,Y)$ 或 $\log p(\theta|Z,Y)$ 关于 Z 的条件分布求期望，把 Z 积掉，即

$$Q(\theta|\theta^{(i)},Y) \hat{=} E_Z[\log p(\theta|Z,Y)|\theta^{(i)},Y]$$
$$= \int_D [\log p(\theta|Y,Z)]p(Z|\theta^{(i)},Y)dZ.$$

M 步：将 $Q(\theta|\theta^{(i)},Y)$ 极大化，即找一个点 $\theta^{(i+1)}$，使得

$$Q(\theta^{(i+1)} \mid \theta^{(i)}, Y) = \max Q(\theta \mid \theta^{(i)}, Y).$$

这就形成了一次迭代 $\theta^{(i)} \to \theta^{(i+1)}$. 将上述 E 步和 M 步反复迭代直至收敛，使得 $\| \theta^{(i+1)} - \theta^{(i)} \|$ 或 $\| Q(\theta^{(i+1)} \mid \theta^{(i)}, Y) - Q(\theta^{(i)} \mid \theta^{(i)}, Y) \|$ 充分小时停止.

6.1.3　EM 算法的性质

EM 算法的性质证明中要用到 Jensen 不等式，下面先介绍 Jensen 不等式.

Jensen 不等式：设函数 $f(x)$ 是凸函数（即 $f''(x) < 0$），则对于随机变量 X，有如下不等式

$$E[f(X)] \leqslant f[E(X)].$$

证明　设随机变量 X 的密度函数为 $g(x)$，则

$$E[f(X)] = \int_D f(x) g(x) \mathrm{d}x.$$

根据泰勒公式把 $f(x)$ 在 $\mu = E(X)$ 附近展开到第三项，即

$$f(x) = f(\mu) + f'(\mu)(x - \mu) + \frac{1}{2} f''(\mu)(x - \mu)^2 + o(\mid x - \mu \mid^2).$$

因为 $f''(x) < 0$，故

$$f(x) \leqslant f(\mu) + f'(\mu)(x - \mu) + o(\mid x - \mu \mid^2), \ \forall x \in D.$$

不等式两边分别关于 $g(x)$ 求期望，并略去无穷小项，得

$$\int_D f(x) g(x) \mathrm{d}x \leqslant f(\mu) + f'(\mu) \int_D (x - \mu) g(x) \mathrm{d}x = f(\mu),$$

故不等式 $E[f(X)] \leqslant f[E(X)]$ 成立.

定理 1：EM 算法在每次迭代后均提高后验密度函数值，即

$$p(\theta^{(i+1)} \mid Y) \geqslant p(\theta^{(i)} \mid Y).$$

证明　由乘法公式得

$$p(\theta, Z \mid Y) = p(Z \mid \theta, Y) p(\theta \mid Y) = p(\theta \mid Y, Z) p(Z \mid Y).$$

对上式后面等号两边取对数得

$$\log p(\theta \mid Y) = \log p(\theta \mid Y, Z) - \log p(Z \mid \theta, Y) + \log p(Z \mid Y).$$

设现有估计 $\theta^{(i)}$，将上式对 Z 关于 $p(Z \mid \theta^{(i)}, Y)$ 求期望，有

$$\log p(\theta \mid Y) = \int_D [\log p(\theta \mid Y, Z) - \log p(Z \mid \theta, Y) + \log p(Z \mid Y)] p(Z \mid \theta^{(i)}, Y) \mathrm{d}Z$$

$$= Q(\theta \mid \theta^{(i)}, Y) - H(\theta \mid \theta^{(i)}, Y) + K(\theta^{(i)}, Y).$$

其中

$$Q(\theta \mid \theta^{(i)}, Y) = \int_D \log p(\theta \mid Y, Z) p(Z \mid \theta^{(i)}, Y) \mathrm{d}Z,$$

$$H(\theta \mid \theta^{(i)}, Y) = \int_D \log p(Z \mid \theta, Y) p(Z \mid \theta^{(i)}, Y) \mathrm{d}Z,$$

$$K(\theta^{(i)}, Y) = \int_D \log p(Z \mid Y) p(Z \mid \theta^{(i)}, Y) \mathrm{d}Z.$$

分别在上式中取 θ 为 $\theta^{(i)}$ 和 $\theta^{(i+1)}$ 并相减，得

$$\log p(\theta^{(i+1)} \mid Y) - \log p(\theta^{(i)} \mid Y)$$

$$= [Q(\theta^{(i+1)} \mid \theta^{(i)}, Y) - Q(\theta^{(i)} \mid \theta^{(i)}, Y)]$$

$$- [H(\theta^{(i+1)} \mid \theta^{(i)}, Y) - H(\theta^{(i)} \mid \theta^{(i)}, Y)].$$

由 Jensen 不等式，有

$$E_{Z|\theta^{(i)},Y}\log\Big(\frac{p(Z\mid\theta^{(i+1)},Y)}{p(Z\mid\theta^{(i)},Y)}\Big)$$

$$\leqslant\log\Big\{E_{Z|\theta^{(i)},Y}\frac{p(Z\mid\theta^{(i+1)},Y)}{p(Z\mid\theta^{(i)},Y)}\Big\}=0.$$

故 $H(\theta^{(i+1)}\mid\theta^{(i)},Y)-H(\theta^{(i)}\mid\theta^{(i)},Y)\leqslant0$，又 $\theta^{(i+1)}$ 是使得目标函数 $Q(\theta|\theta^{(i)},Y)$ 达到最大，显然

$$Q(\theta^{(i+1)}\mid\theta^{(i)},Y)-Q(\theta^{(i)}\mid\theta^{(i)},Y)\geqslant0,$$

故结论成立.

定理 2：假定在 EM 迭代中 $\theta^{(i)}$ 满足

(1) $\dfrac{\partial Q(\theta|\theta^{(i)},Y)}{\partial\theta}\Big|_{\theta=\theta^{(i+1)}}=0$；

(2) 令 $p(Z|\theta^{(i)},Y)$ 充分光滑，$\theta^{(i)}$ 收敛到某些值 $\theta^{(*)}$.

则有

$$\frac{\partial\log p(\theta\mid Y)}{\partial\theta}\Big|_{\theta=\theta^*}=0.$$

定理 2 说明：EM 算法的结果只能保证收敛到后验密度函数的稳定点，并不能保证收敛到极大值点. 在具体应用中，可以多选取几个初值进行迭代，以减少初值对结果的影响.

6.2 EM 算法例解

例 6.1 设总体 $X\sim N(\mu,\sigma^2)$，X_1，X_2，X_3 是来自总体的样本，但 X_2 缺失，用似然方法估计总体分布的参数.

解 将 X_2 扩充进来，得"完整"似然函数

$$p(\theta\mid X_1,X_2,X_3)=(2\pi)^{-\frac{3}{2}}\sigma^{-3}\mathrm{e}^{\frac{\sum\limits_{i=1}^{3}(X_i-\mu)^2}{2\sigma^2}}$$

$$\propto\sigma^{-3}\mathrm{e}^{\frac{\sum\limits_{i=1}^{3}(X_i-\mu)^2}{2\sigma^2}}.$$

对数似然函数

$$\log p(\theta\mid X_1,X_2,X_3)=-3\ln\sigma-\frac{\sum\limits_{i=1}^{3}(X_i-\mu)^2}{2\sigma^2}.$$

E 步：

$$E_{X_2}[(X_2-\mu)^2\mid\theta^{(i)},X_1,X_3]=(\mu_i-\mu)^2+\sigma_i^2,$$

$$Q(\theta\mid\theta^{(i)},X_1,X_3)\hat{=}E_{X_2}[\log p(\theta\mid X_1,X_2,X_3)\mid\theta^{(i)},X_1,X_3]$$

$$=-3\ln\sigma-\frac{(X_1-\mu)^2+(X_3-\mu)^2+(\mu_i-\mu)^2+\sigma_i^2}{2\sigma^2}.$$

M 步：

$$\begin{cases}\dfrac{\partial Q}{\partial\mu}=\dfrac{(X_1-\mu)+(X_3-\mu)+(\mu_i-\mu)}{\sigma^2}=0,\\[3mm]\dfrac{\partial Q}{\partial\sigma}=\dfrac{-3}{\sigma}+\dfrac{(X_1-\mu)^2+(X_3-\mu)^2+(\mu_i-\mu)^2+\sigma_i^2}{\sigma^3}=0.\end{cases}$$

解得

$$\mu_n = \frac{X_1 + X_3}{2} \quad (n \to \infty),$$

$$\sigma_n^2 = \frac{1}{4}(X_1 - X_3)^2 \quad (n \to \infty).$$

例 6.2 假设一次试验有四种可能的结果,其发生的概率分别为 $\frac{1}{2} + \frac{\theta}{4}$, $\frac{1}{4}(1-\theta)$, $\frac{1}{4}(1-\theta)$, $\frac{\theta}{4}$, 其中 $\theta \in (0, 1)$, 共进行了 197 次试验,四种结果的发生次数分别为 125, 18, 20, 34. 此处观测数据为

$$Y = (y_1, y_2, y_3, y_4) = (125, 18, 20, 34).$$

解 取 θ 的先验分布 $\pi(\theta)$ 为平坦分布(此处即为 $(0, 1)$ 上的均匀分布),则 θ 的观测后验分布为

$$p(\theta \mid Y) \propto \pi(\theta) p(Y \mid \theta)$$

$$= \left(\frac{1}{2} + \frac{\theta}{4}\right)^{y_1} \left[\frac{1}{4}(1-\theta)\right]^{y_2} \left[\frac{1}{4}(1-\theta)\right]^{y_3} \left(\frac{1}{4}\theta\right)^{y_4}$$

$$\propto (2+\theta)^{y_1} (1-\theta)^{y_2+y_3} \theta^{y_4}.$$

上式对应的后验分布形式复杂,不便于分析. 下面假定第一种结果可以分解为两部分,其发生的概率分别为 $\frac{1}{2}$ 和 $\frac{\theta}{4}$, 令 Z 和 $y_1 - Z$ 分别表示试验结果落入这两部分的次数(Z 是 Latent Data),则添加后验分布为

$$p(\theta \mid Y, Z) \propto \pi(\theta) p(Y, Z \mid \theta)$$

$$= \left(\frac{1}{2}\right)^{Z} \left(\frac{\theta}{4}\right)^{y_1-Z} \left[\frac{1}{4}(1-\theta)\right]^{y_2} \left[\frac{1}{4}(1-\theta)\right]^{y_3} \left(\frac{1}{4}\theta\right)^{y_4}$$

$$\propto (\theta)^{y_1-Z+y_4} (1-\theta)^{y_2+y_3}.$$

该式求后验众数十分简单,可以采用 EM 算法求后验众数.

在第 $i+1$ 次迭代中,假设有估计 $\theta^{(i)}$, 则可以通过 E 步和 M 步得到 θ 的一个更新的估计 $\theta^{(i+1)}$.

在 E 步中,有

$$Q(\theta \mid \theta^{(i)}, Y) = E^Z \big[(y_1 - Z + y_4)\log\theta + (y_2 + y_3)\log(1-\theta) \mid \theta^{(i)}, Y\big]$$

$$= [y_1 - E^Z(Z \mid \theta^{(i)}, Y) + y_4]\log\theta + (y_2 + y_3)\log(1-\theta).$$

因在 $\theta^{(i)}$ 和 Y 给定下,$Z \sim b\left(y_1, \frac{2}{\theta^{(i)}+2}\right)$, 故有

$$E^Z(Z \mid \theta^{(i)}, Y) = \frac{2y_1}{\theta^{(i)} + 2}.$$

在 M 步中,有

$$\theta^{(i+1)} = \frac{y_1 + y_4 - E^Z(Z \mid \theta^{(i)}, Y)}{y_1 + y_2 + y_3 + y_4 - E^Z(Z \mid \theta^{(i)}, Y)}$$

$$= \frac{\theta^{(i)} y_1 + (\theta^{(i)} + 2)}{\theta^{(i)} y_1 + (\theta^{(i)} + 2)(y_2 + y_3 + y_4)}$$

$$= \frac{159\theta^{(i)} + 68}{197\theta^{(i)} + 144}.$$

上式给出了 EM 算法的迭代公式，从 $\theta^{(0)} = 0.5$ 开始，经过四次迭代，EM 算法收敛到后验分布众数 0.6268.

早在 1894 年，被誉为统计学之父的英国统计学家 Pearson 就根据一组螃蟹数据的分析，研究并提出了混合分布：

$$f_X(x) = \sum_{j=1}^{K} p_j f_{X_j}(x).$$

其中 $\sum_{j=1}^{K} p_j = 1$，$p_j > 0 (j = 1, 2, \cdots, K)$. $f_X(x)$ 表示总体 X 的密度函数，$f_{X_j}(x)$ 表示第 j 个子总体 X_j 的密度函数.

Pearson 运用矩方法估计模型的参数，但对于该模型，矩估计方法计算十分复杂，致使混合模型的建模方法和应用难以普及，发展缓慢. 随着计算机的出现和发展，促使 Dempster 等（1977）提出运用 EM 算法估计模型参数. EM 算法的应用、计算机的普及和性能的不断提升以及如 R、SPSS 和 SAS 等统计软件的应用，使得混合模型的建模日益变得简单易行，有力地推动了混合模型的研究和应用.

例 6.3 设 $X = (X_1, X_2, \cdots, X_n)$ 是来自如下有限正态混合分布的一组样本，

$$f(x \mid \Theta) = \sum_{j=1}^{K} p_j f_j(x \mid \theta_j).$$

其中，$f(x \mid \theta_j) = \dfrac{1}{\sqrt{2\pi}\sigma_j} e^{-\frac{(x - \mu_j)^2}{2\sigma_j^2}}$，且 $\theta_j = (\mu_j, \sigma_j^2)$，$\Theta = (p_1, \cdots, p_K, \theta_1, \cdots, \theta_K)$. 用 EM 算法估计正态混合模型中的参数 Θ.

解 对数似然函数为

$$\ell(\Theta \mid X) = \sum_{i=1}^{n} \log\left(\sum_{j=1}^{K} p_j f_j(x_i \mid \theta_j) \right).$$

引入潜在变量 $Z = (z_1, z_2, \cdots, z_n)$，且 $z_i \in \{1, 2, \cdots, K\}$，$i = 1, 2, \cdots, n$. 当 $z_i = j$ 时，表示第 i 个样本观测值 x_i 是由第 j 个分量产生的，即 $x_i \mid z_i = j \sim N(\mu_j, \sigma_j^2)$，且有 $p(z_i = j) = p_j$，$j = 1, 2, \cdots, K$. 因此，引入潜在变量 Z 后，对数似然函数变为：

$$\ell(\Theta \mid X, Z) = \log \prod_{i=1}^{n} p(x_i, z_i \mid \Theta) = \sum_{i=1}^{n} \log(p_{z_i} f_{z_i}(x_i \mid \theta_{z_i})).$$

假设在第 $k+1$ 步迭代中，估计值 $\Theta^{(k)}$ 已知，则通过 E 步和 M 步可得到 Θ 的新的估计值 $\Theta^{(k+1)}$. 在 E 步中，令

$$Q(\Theta, \Theta^{(k)}) = E[\ell(\Theta \mid X, Z)] = \sum_{z} \sum_{i=1}^{n} \log(p_{z_i} f_{z_i}(x_i \mid \theta_{z_i})) \cdot p(z \mid x_i, \Theta^{(k)}).$$

因为第 i 个观测样本 x_i 取第 j 个分量的概率密度为 $p(z_i = j \mid x_i, \Theta^{(k)})$，所以上式

$$\begin{aligned}
Q(\Theta, \Theta^{(k)}) &= \sum_{j=1}^{K} \sum_{i=1}^{n} \log(p_j f_j(x_i \mid \theta_j)) \cdot p(j \mid x_i, \Theta^{(k)}) \\
&= \sum_{j=1}^{K} \sum_{i=1}^{n} \log(p_j) \cdot p(j \mid x_i, \Theta^{(k)}) \\
&\quad + \sum_{j=1}^{K} \sum_{i=1}^{n} \log(f_j(x_i \mid \theta_j)) \cdot p(j \mid x_i, \Theta^{(k)}).
\end{aligned}$$

由贝叶斯公式可知：

$$p(j \mid x_i, \Theta^{(k)}) = \frac{p(j, x_i \mid \Theta^{(k)})}{p(x_i \mid \Theta^{(k)})} = \frac{p_j^{(k)} \cdot f_j(x_i \mid \theta_j^{(k)})}{\sum\limits_{j=1}^{K} p_j^{(k)} \cdot f_j(x_i \mid \theta_j^{(k)})}.$$

在 M 步中，求满足期望最大化的参数 $\Theta^{(k+1)}$，解

$$\begin{cases} \dfrac{\partial Q(\Theta, \Theta^{(k)})}{\partial \mu_j} = \sum\limits_{i=1}^{n} (x_i - \mu_j) \cdot p(j \mid x_i, \Theta^{(k)}) = 0, \\[3mm] \dfrac{\partial Q(\Theta, \Theta^{(k)})}{\partial \sigma_j^2} = \sum\limits_{i=1}^{n} \left(-\dfrac{1}{2} \cdot \dfrac{1}{\sigma_j^2} + \dfrac{(x_i - \mu_j)^2}{2\sigma_j^4} \right) \cdot p(j \mid x_i, \Theta^{(k)}) = 0. \end{cases}$$

得到

$$\begin{cases} \mu_j^{(k+1)} = \dfrac{\sum\limits_{i=1}^{n} x_i \cdot p(j \mid x_i, \Theta^{(k)})}{\sum\limits_{i=1}^{n} p(j \mid x_i, \Theta^{(k)})}, \\[6mm] \sigma_j^{(k+1)} = \dfrac{\sum\limits_{i=1}^{n} (x_i - \mu_j)^2 \cdot p(j \mid x_i, \Theta^{(k)})}{\sum\limits_{i=1}^{n} p(j \mid x_i, \Theta^{(k)})}. \end{cases}$$

若要得到 $p_j^{(k+1)}$，需要借助于拉格朗日乘子，不能单纯地使用偏导数求解，因为所有的 p_j 加起来必须等于 1，解下面的方程

$$\frac{\partial}{\partial p_j} \left[Q(\Theta, \Theta^{(k)}) + \lambda \left(\sum\limits_{j=1}^{K} p_j - 1 \right) \right] = \sum\limits_{i=1}^{n} \frac{1}{p_j} \cdot p(j \mid x_i, \Theta^{(k)}) + \lambda = 0.$$

即解

$$\sum\limits_{i=1}^{n} p(j \mid x_i, \Theta^{(k)}) + \lambda p_j = 0$$

两边关于 j 求和，得到

$$\sum\limits_{j=1}^{K} \sum\limits_{i=1}^{n} p(j \mid x_i, \Theta^{(k)}) + \lambda \sum\limits_{j=1}^{K} p_j = 0.$$

由于 $\sum\limits_{j=1}^{K} p(j \mid x_i, \Theta^{(k)}) = 1$，$\sum\limits_{j=1}^{K} p_j = 1$，所以得到 $\lambda = -n$，从而有

$$p_j^{(k+1)} = \frac{1}{n} \sum\limits_{i=1}^{n} p(j \mid x_i, \Theta^{(k)}).$$

例 6.4　美国黄石公园 Old Faithful 喷泉记录了两组数据[10]，分别为："waiting"是喷泉两次喷发的间隔时间；"duration"是每次喷发的持续时间. 数据保存在 R 语言中 MASS 包的名为 geyser 的数据集中. 数据集"waiting"包含 299 个数据.

图 6.1 给出由 R 软件绘出的喷泉两次喷发的间隔时间（waiting）数据的直方图和正态密度曲线图. 通过 R 软件编程算出"waiting"数据的偏度和峰度值分别为 -0.34 和 -1.01，而正态分布偏度和峰度理论值均为 0. 图 6.1 中直方图也呈现出明显的双峰分布特征. "waiting"数据的这些统计特征与正态分布有明显差异. 假设总体 $X \sim N(\mu, \sigma^2)$，由极大似然估计方法可求得 $\hat{\mu} = 72.3$，$\hat{\sigma} = 13.9$，图中曲线是估计得到的正态分布密度曲线图. 可见

正态分布密度曲线无法捕捉到实际数据的双峰分布及其他的非正态特征. 根据数据统计特征将"waiting"数据集看成是一个混合总体更为合理.

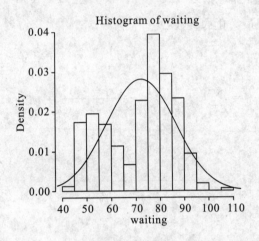

图 6.1 "waiting"数据的直方图和正态密度曲线图

根据"waiting"直方图的分布特征, 假设总体 X 由两个子总体 X_1 和 X_2 构成, 且 X 服从二元正态混合分布, 即

$$f_X(x) = \frac{p}{\sqrt{2\pi}\sigma_1} \mathrm{e}^{-\frac{(x-\mu_1)^2}{2\sigma_1^2}} + \frac{1-p}{\sqrt{2\pi}\sigma_2} \mathrm{e}^{-\frac{(x-\mu_2)^2}{2\sigma_2^2}}.$$

根据例 6.3 介绍的混合分布估计的 EM 算法, 运用 R 软件, 得到的参数估计为

$$\mu_1 = 54.20,\ \mu_2 = 80.36,\ \sigma_1^2 = 24.53,\ \sigma_2^2 = 56.35,\ p = 0.31.$$

图 6.2 给出由 R 软件绘出的喷泉两次喷发的间隔时间(waiting)数据的直方图和混合正态密度曲线图. 可见正态分布密度曲线比较切近直方图, 很好地描述了实际数据的非对称和双峰分布特征.

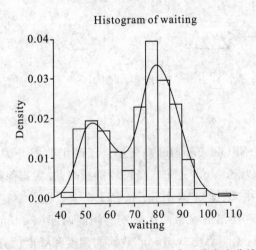

图 6.2 "waiting"数据的直方图和混合正态密度曲线图

另外许多统计软件中都有优化函数, 例如 R 软件中, 有许多优化包和优化函数可以直接调用. 例如常用的优化函数 nlminb, 极大似然估计通常通过求解对数似然方程组而得到

关于参数的解析解或者数值解，然而混合正态分布得到的偏导方程组很难用数值方法求得其解. 如果运用优化函数 nlminb，就不需要写出偏导方程，只通过输入参数的初始值、似然函数和样本，就能获得在最小值条件下对应的参数结果. 对于"waiting"数据集，在二元正态混合分布假定下，直接使用优化函数 nlminb，得到的参数估计为

$$\mu_1 = 54.20, \ \mu_2 = 80.36, \ \sigma_1^2 = 24.52, \ \sigma_2^2 = 56.36, \ p = 0.31.$$

估计结果与使用 EM 算法得到的参数估计结果几乎一致. 优化函数的使用使得繁琐的计算变得简单易行，大大简化了混合模型的建模过程.

6.3 EM 算法的相关问题与扩展

6.3.1 指数族中的应用

EM 算法的简单可行及其稳定性使得 EM 算法得到广泛应用，特别是在指数分布族中（如正态分布、伽玛分布等）.

假设 $X=(Y, Z)$ 的分布为如下指数分布族，其密度函数为

$$p(x \mid \theta) = \exp\{\theta s(x) + c(\theta) + d(x)\}.$$

取平坦先验分布 $\pi(\theta) \propto 1$，由 Bayes 公式得

$$p(\theta \mid Y, Z) \propto \exp\{\theta s(x) + c(\theta)\}.$$

在 E 步中，Q 函数为

$$
\begin{aligned}
Q(\theta \mid \theta^{(i)}, Y) &= \int \log[p(\theta \mid Y, Z)] p(Z \mid \theta^{(i)}, Y) \mathrm{d}Z \\
&= \theta \int s(x) p(Z \mid \theta^{(i)}, Y) \mathrm{d}Z + c(\theta) \\
&= \theta E^z[s(x) \mid \theta^{(i)}, Y] + c(\theta).
\end{aligned}
$$

在 M 步中，由 $\frac{\partial Q(\theta \mid \theta^{(i)}, Y)}{\partial \theta} = 0$ 可得

$$-\frac{\partial c(\theta)}{\partial \theta} = E^z[s(x) \mid \theta^{(i)}, Y].$$

又由指数分布族的性质知

$$E[s(X) \mid \theta] \hat{=} E_\theta[s(x)] = -\frac{\partial c(\theta)}{\partial \theta}.$$

于是，EM 算法的迭代公式等价于解方程

$$E[s(X) \mid \theta] = E^z[s(x) \mid \theta^{(i)}, Y].$$

这样求出的估计序列 $\theta^{(i)}$ 收敛到观测后验分布的众数.

6.3.2 GEM 算法

EM 算法得到广泛应用的一个重要原因是在 M 步中，求极大化的方法与完全数据下求极大化的方法完全一样. 有的情况下，这样的极大化有显式解，然而有的情况下要找到使

得 Q 函数达到最大的 θ 是十分困难的，一个较简单的方法是找一个 $\theta^{(i+1)}$，只要使得

$$Q(\theta^{(i+1)} \mid \theta^{(i)}, Y) > Q(\theta^i \mid \theta^{(i)}, Y).$$

这样的方法称为广义 EM 算法.

GEM 算法也可以保证

$$p(\theta^{(i+1)} \mid Y) \geqslant p(\theta^{(i)} \mid Y).$$

当 θ 是一维参数时，已有许多极大化方法可以使用，不必考虑 GEM 算法. 对多维参数 $\theta = (\theta_1, \cdots, \theta_k)$，Meng 和 Rubin 提出一种特殊的 GEM 算法，他们称之为 ECM（Expection Conditional Maximization）算法. 该方法保留了 EM 算法的简单性和稳定性，它将 EM 算法中的 M 步分解为 k 次条件极大化：

在第 $i+1$ 次迭代中，记 $\theta^{(i)} = (\theta_1^{(i)}, \cdots, \theta_k^{(i)})$，在得到 $Q(\theta \mid \theta^{(i)}, Y)$ 后，首先在 $(\theta_2^{(i)}, \cdots, \theta_k^{(i)})$ 不变的条件下求使得 $Q(\theta \mid \theta^{(i)}, Y)$ 达到最大的 $\theta_1^{(i+1)}$，然后在 $\theta_1 = \theta_1^{(i+1)}$，$\theta_j = \theta_j^{(i)}$，$j = 3$，$\cdots$，$k$ 的条件下求使得 $Q(\theta \mid \theta^{(i)}, Y)$ 达到最大的 $\theta_2^{(i+1)}$，如此继续，经过 k 次条件极大化，得到一个 $\theta^{(i+1)}$，完成一次迭代. 该 ECM 算法简单稳定，它是一种 GEM 算法.

6.3.3　MCEM 算法

EM 算法由期望（E 步）和求极大（M 步）两部分构成，M 步由于等同于完全数据的处理，通常比较简单，而在 E 步中，有时要获得期望的显式表示是不可能的，即使近似计算也十分困难，这时可以使用蒙特卡罗（Monte Carlo）EM 算法（MCEM）. 它将 E 步改为：

MC 步：由 $p(Z \mid \theta^{(i)}, Y)$ 随机抽取 m 个随机数 $z_1, \cdots, z_m$；

E 步：计算

$$\hat{Q}(\theta \mid \theta^{(i)}, Y) = \frac{1}{m} \sum_{j=1}^{m} \log p(\theta \mid z_j, Y).$$

由大数定律，当 m 充分大时，$\hat{Q}(\theta \mid \theta^{(i)}, Y)$ 与 $Q(\theta \mid \theta^{(i)}, Y)$ 很接近，从而在 M 步中通过对 $\hat{Q}(\theta \mid \theta^{(i)}, Y)$ 的极大化来替代对 $Q(\theta \mid \theta^{(i)}, Y)$ 的极大化.

习　题　6

1. 根据例 6.2 中得到的 EM 算法结果，用 R 编写程序进行验证.

2. 根据例 6.4 中数据集"waiting"得到的混合模型的 EM 算法结果，用 R 编写程序进行验证.

3. 根据例 6.4 中数据集"waiting"得到的混合模型，用 R 优化函数 nlminb 或其他的优化函数编写程序进行验证.

4. 假设孟德尔实验中，豌豆颜色的位点有两个等位基因 A 和 a，又假设基因型 AA 和 Aa 的表现型为黄色，基因型 aa 对应绿色. 现随机获得豌豆样本，记黄色豌豆数为 n_{21}，绿色豌豆数为 n_0. 根据数据 $n_{21} = 84$ 和 $n_0 = 16$. 如何用 EM 算法估计等位基因 A 的概率 $p = P(A)$？并用 R 编写程序计算.

5. （三硬币模型）假设有 3 枚硬币，分别记作 A，B，C. 这些硬币正面出现的概率分别是 π，p 和 q. 进行如下硬币试验：先掷硬币 A，根据其结果选出硬币 B 或 C，正面选硬币 B，反面选硬币 C；然后掷选出的硬币，掷硬币的结果，出现正面记作 1，出现反面记作 0；

独立地重复 n 次试验(这里，$n=10$)，观测结果如下：

$$1,1,0,1,0,0,1,0,1,1$$

假设只能观测到掷硬币的结果，不能观测掷硬币的过程. 问如何用 EM 算法估计三硬币正面出现的概率，即三硬币模型的参数.

　　6. 根据上题结论，若取迭代初值 $\pi^{(0)}=0.4$，$p^{(0)}=0.5$，$q^{(0)}=0.7$，试用 R 编程计算，求出模型参数 $\theta=(\pi,p,q)$ 的估计.

第 7 章　R 基　础

本书的模拟和实验程序都是由 R 软件编写的. 为了方便读者顺利学习本书涉及的统计计算课程内容，本章简要介绍部分 R 基础知识. 主要包括 R 软件介绍，数字、字符与向量，数组与矩阵，对象与属性，列表与数据框以及 R 控制流等.

7.1　R 软件简介

本节对 R 软件的由来和概况，使用 R 软件的优势，R 软件的下载和安装，R 软件的编辑器以及 R 软件程序包的加载和安装等使用方法，给予简要介绍.

7.1.1　R 软件的发展概况

R 可以看作是 AT & T Bell 实验室的 Rick Becker，John Chambers 和 Allan Wilks 开发的 S 语言的一种实现或形式. AT & T Bell 实验室曾经引领了现代统计学计算的潮流，其中最为人所知的就是统计编程环境 S. 该语言的创立目标正如 John Chambers 所言"将思想准确无误地迅速转化为软件". S 的最初实现版本是 S-Plus，S-Plus 是一款商业软件.

R 由 S 发展而来. 由 Ross Ihaka 和 Robert Gentleman 共同创立，其源程序主要由 C，Fortran 和 R 所完成. R 是一个有着强大统计计算和作图功能的语言和软件系统，现在由 R 开发核心小组维护. R 已成为最主流的数据科学工具和数据分析软件之一.

7.1.2　R 软件的优点

R 软件是当前数据分析和统计学习的主流软件之一. R 软件具有如下优点：

(1) 开源和免费：S-Plus，SAS 等软件需付费；

(2) 不依赖操作系统：在 Windows 和 UNIX 等操作系统都可运行；

(3) 帮助功能完善：随软件所附的 pdf 或 html 帮助文件可随时通过主菜单浏览或打印；

(4) 作图功能强大：内嵌作图函数能将产生的图片展示在一个独立的窗口；

(5) 统计分析能力尤为突出：内嵌了许多实用的统计分析函数；

(6) 编程简单：作为一种解释性的高级语言，程序的编写简洁，仅需了解相关函数的参数和用法，无需了解程序实现的细节；

(7) 强大的拓展和开发能力：可以编制自己的函数，扩展现有的 R，或制作相对独立的统计分析包；

（8）更新快且文档完备：平均 6 个月发布一个新版本.

7.1.3　R 的下载与安装

R 软件是全免费的，在官方资源站点：http://cran.r-project.org/可下载到 R 软件（例如 Windows 版）. 下载之后按照 Windows 的各种提示操作，稍等片刻，R 软件就安装成功了.

另一种方式是先进入 R 官网：http://www.r-project.org/选择镜像，再按照提示步骤操作.

安装完成后，程序会创建 R 程序组并在桌面上创建 R 主程序的快捷方式（也可以在安装时选择不创建）. 通过快捷方式运行 R，便可调出 R 的主窗口. R 的界面和 Windows 的其他编程软件类似，由菜单和快捷按钮组成. 快捷按钮下面是命令输入窗口，也是部分运算结果的输出窗口.

7.1.4　R 的常用编辑器

当前，R 的常用编辑器有 Notepad 和 Rstudio.

1. Notepad＋＋

Notepad＋＋是 Windows 操作系统下的不错选择，完全开源和免费，非常强大，也支持 R 语言的高亮显示. 对于中文编码和文本操作很方便，其官方主页是：http://notepad-plus-plus.org/

2. RStudio

RStudio 是目前最流行的 R 语言编辑器，实际上 RStudio 已经成了开发环境，除了高亮显示代码、主动联想代码等功能外，还提供了 R 的图形设备、对象管理器等其他高级功能，很大程度上弥补了 R 的不足.

主页：www.rstudio.com

7.1.5　R 程序包的加载与安装

1. R 程序包的加载

除 R 的标准程序包（如 Base）外，已安装的程序包在使用前必须先加载，有两种方式：

（1）菜单方式：按步骤"程序包⇒加载程序包…"，再从已有的程序包中选定需要的一个加载；

（2）命令方式：在命令提示符后键入

```
>library("TSA")
```

来加载时间序列分析程序包 TSA.

2. R 程序包的安装

R 程序包的安装有三种方式：

（1）菜单方式：在已经联网的条件下，按步骤"程序包⇒安装程序包⇒…⇒选择 CRAN 镜像服务器⇒选定程序包"进行实时安装.

（2）命令方式：在已经联网的条件下，在命令提示符后键入

```
> install. packages("pkname")
```

完成程序包 PKname 的安装.

（3）本地安装：在无上网的条件下，先从 CRAN 社区下载需要的程序包以及相关的程序包，再按要求安装.

7.2　R　向　量

R 是基于对象的语言，向量（vector）是 R 的基本操作对象. 向量是具有相同类型元素的有序数集. 按照元素的基本类型，向量又分为数值型向量、字符型向量、逻辑型向量和复数型向量.

7.2.1　数值向量

1. 向量的赋值

假定要创建一个数值向量 x，有以下几种常用赋值方式：

（1）x<－c(1, 3, 5, 6)

这是一个用函数 c()完成的赋值语句. 注意赋值号<－或－>，箭头指向被赋值变量.

（2）> assign("x", c(1, 3, 5, 6))

赋值也可以用函数 assign()完成.

（3）>x＝c(1, 3, 5, 6)

在 R 环境里面，单个的数值也被看作是长度为 1 的向量.

2. 向量的产生

产生有规律的序列是编程中经常会涉及的问题.

1）等差数列

a:b 表示从 a 开始，逐项加 1（或减 1），直到 b 为止. 如 x<－1:30 表示向量 x＝(1, 2, …, 30). 当 a 为实数，b 为整数时，向量 a:b 是（每个分量）实数. 而当 a 为整数时，向量 a:b 表示间隔差为 1 的整数向量. 如

```
> 2:5.6；5.6:2
[1] 2 3 4 5
[1] 5.6 4.6 3.6 2.6
```

注意：x<－2 * 1:15 并不表示 2 到 15，而表示 x＝(2, 4, …, 30)，即 x<－2 * (1:15)，这是由于等差运算优先于乘法运算.

2）等间隔函数

seq()函数可以产生更一般的等差数列，基本形式为

```
seq(from＝value1, to＝value2, by＝value3)
```

即从 value1 开始，到 value2 结束，间隔为 value3. 如

```
> seq(-2, 3, by＝0.2)->s; s
```

[1] −2.0 −1.8 −1.6 −1.4 −1.2 −1.0 −0.8 −0.6 −0.4 −0.2

[11] 0.0 0.2 0.4 0.6 0.8 1.0 1.2 1.4 1.6 1.8

[21] 2.0 2.2 2.4 2.6 2.8 3.0

seq(1, 10)等价于 1:10,在不作特别说明情形下,间隔为 1.

seq()函数还有另外一种用法,

seq(length=value2, from=value1, by=value3)

即从 value1 开始,间隔为 value3,产生的向量长度为 value2.

3) 重复函数

rep()是重复函数,可以将某个向量重复若干次再放入新的变量中,如

>S<− rep(x, times=3)

即将变量 x 重复 3 次,放在变量 S 中. 如

>X<− c(1, 4, 6.25); S<−rep(X, times=3); S

[1] 1.00 4.00 6.25 1.00 4.00 6.25 1.00 4.00 6.25

另外还有其他几种常见格式,如

>S1<−rep(x, each=2)

表示向量 S1=(1.00 1.00 4.00 4.00 6.25 6.25).

>S2<−rep(x, 1:3)

表示向量 S1=(1.00 4.00 4.00 6.25 6.25 6.25).

3. 向量的运算

对于向量可以作四则运算和乘方及开方运算,其含义是对向量的每个元素作相应运算. 如

> X <− c(−1, 0, 2); Y <− c(3, 8, 2)

> V <− 2 * X+ Y+1; V

[1] 2 9 7

+1 表示向量的每个分量均加 1. 分号后的 V 是为显示计算内容,R 中软件完成计算后进行赋值,但并不显示计算内容. 若不作赋值运算,R 在运算后会直接显示结果.

> X * Y

[1] −3 0 4

> X^2

[1] 1 0 4

%/%表示商的整数部分(例如 5%/%3 为 1),%% 表示余数(例如 5%%3 为 2).

也可以作函数运算,如基本初等函数,如 log,exp,cos,tan,sqrt 等. 当自变量为向量时,函数返回值也是等长度的相应函数值. 如

> exp(X)

[1] 0.3678794 1.0000000 7.3890561

> sqrt(Y)

[1] 1.732051 2.828427 1.414214

但 sqrt(−2)会给出 NAN(not a number)不是数字的值和相应的警告信息,因为负数不能

开方. 若要作复数运算, 输入形式应改为 sqrt($-2+0$i).

4. 与向量相关的内置函数

1) 求向量最大值、最小值和范围的函数

min(X), max(X), range(X)分别表示求向量 X 的最小分量, 最大分量和变化范围, 即 c(min(X), max(X)).

```
> X <- c(10, 6, 4, 7, 8); min(X); max(X)
[1]  4
[1]  10
```

与 min(X), max(X)有关的函数 which. min(X), which. max(X).

```
> which. min(X); which. max(X)
[1]  3
[1]  1
```

2) 求和函数、求积函数

sum(X)表示求向量 X 的分量之和, 即 $\sum_{i=1}^{n} X_i$. cumsum(X)返回向量 X 的累积和(其第 i 个元素是从 X[1]到 X[i]的和).

```
> X <- c(10, 6, 4, 7, 8); sum(X); cumsum(X)
[1]  35
[1]  10  16  20  27  35
```

prod(X)表示求向量 X 的分量之积, 即 $\prod_{i=1}^{n} X_i$. cumprod(X)返回向量 X 的累积积(其第 i 个元素是从 X[1]到 X[i]的积).

length(X)表示求向量 X 分量的个数或向量长度.

rev(X)表示求向量 X 的逆序.

3) 中位数、均值、方差、标准差和次序统计量

median(X)表示求向量 X 的中位数. mean(X)表示求向量 X 的均值, 即 sum(X)/length(X). var(X)表示求向量 X 的方差, 即

$$var(X) = sum((X - mean(X))^2)/(length(X) - 1)$$

sd(X)表示求向量 X 的标准差, 即

$$sd(X) = \sqrt{var(X)}.$$

sort(X)表示求与向量 X 的大小相同, 按递增顺序排列的向量, 即顺序统计量. 相应的下标由函数 order(X)给出. order(X)中, 选项 decreasing=TRUE 表示降序.

4) 集合运算函数

向量是特殊的数集. R 提供了一组用于集合运算的内置函数, 这些函数在统计实验中有着广泛的应用. 如 union(X, Y)表示数集 X 和 Y 的并集. intersect(X, Y)数集 X 和 Y 的交集. unique(X)除去 V 中重复元素的集合. setdiff(X, Y)表示数集 X 和 Y 的差集, 即所有数据集合 X 但不属于 Y 的元素组成的集. c%in%Y 检验 c 是否为集合 Y 中的元素. choose(n, k)表示从含有 n 个元素的集合中选取含有 k 个元素的子集的数目. setequal(X, Y)用来检验集合 X

和 Y 是否相等. 例如

```
> union(X, Y); intersect(X, Y); unique(X)
[1]  1  2  6  3  5
[1]  1
[1]  1  2  6
```

7.2.2 逻辑向量

与其他软件一样, R 允许使用逻辑操作. 当运算结果为真时, 返回值为 TRUE, 否则为 FALSE. 例如

```
>X<-1:7; l<-X>3; l
```

运行结果为

```
[1]  FALSE  FALSE  FALSE  TRUE  TRUE  TRUE  TRUE
```

逻辑运算符有 $<$, $<=$, $>$, $>=$, $==$ (表示等于) 和 $!=$ (表示不等于). 如果 c_1 和 c_2 是两个逻辑表达式, 则 $c_1 \& c_2$ 表示 c_1 与 c_2, $c_1|c_2$ 表示 c_1 或 c_2, $!c_1$ 表示非 c_1.

逻辑变量也可以赋值, 如

```
z<-c(FALSE, TRUE, F, T)
```

F 和 T 均表示相应缩写.

判断一个逻辑向量是否全部为真的函数是 all(), 如

```
> all(c(1, 2, 3, 4, 5, 6, 7)>5)
[1] FALSE
```

判断一个逻辑向量是否其中有真的函数是 any(), 如

```
> any(c(1, 2, 3, 4, 5, 6, 7)>5)
[1] TRUE
```

7.2.3 字符向量

向量元素可以取字符串值, 例如

```
y<-c("er", "sdf", "eir", "jk"); y
[1]  "er"  "sdf"  "eir"  "jk"
```

可以用 paste() 函数把它的自变量连成一个字符串, 中间用空格分开, 例如

```
>paste("Today", "is", "Monday")
[1]  "Today  is  Monday"
```

7.2.4 缺失数据

用 NA(not available) 表示某处的数据缺省或缺失. 如

```
>z<-c(1:3, NA); z
[1]  1  2  3  NA
```

函数 is.na() 是用来检测缺失数据的函数, 如果返回值为真 (TRUE), 则说明此数据是缺失数据. 如

```
> is.na(z)->L; L
[1]  FALSE  FALSE  FALSE  TRUE
```

如果需要将缺失数据改为 0，则用如下命令

```
>z[is.na(z)]<-0; z
[1]  1  2  3  0
```

类似的函数还有 is.nan()（ not a number，用来检测是否不确定，TRUE 为不确定，FALSE 为确定），is.finite()（用来检测是否有限，TRUE 为有限，FALSE 为无穷）. 如

```
> X<-c(0/1, 0/0, 1/0, NA); X
[1]  0  NaN  Inf  NA
>is.nan(X)
[1]  FALSE  TRUE  FALSE  FALSE
>is.finite(X)
[1]  TRUE  FALSE  FALSE  FALSE
>is.na(X)
[1]  FALSE  TRUE  FALSE  TRUE
```

0/0 表示不确定，不确定数据被认为是缺失数据. NA 并非不确定数据.

7.2.5 向量元素访问与读取

R 提供了十分灵活的访问向量元素和向量子集的功能. 访问某个元素可以运用 $X[i]$ 的格式，其中 X 是向量名，或是一个取向量值的表达式. 如

```
> X<-c(5, 9, 21); X[2]
>(c(6, 3, 10)+2)[3]
```

输出结果分别是 9 和 12.

可以改变向量中指定的某个或某些元素值. 如

```
> X[2]<-169; X
[1]  1  169  2
```

V 是和 X 等长的逻辑向量，X[V] 表示取出所有 V 为真值的元素，如

```
> X<-c(1, 4, 7); X<5
[1]  TRUE  TRUE  FALSE
> X[X<5]
[1] 1  4
```

可以将向量中缺失数据赋值为 0，如

```
> Z<-c(-2, 1;3, NA); Z[is.na(Z)]<-0; Z
[1]  -2  1  2  3  0
```

也可以将向量中非缺失数据赋给另一个向量，如

```
> Z<-c(-2, 1;3, NA); Z[!is.na(Z)]->Y; Y
[1]  -2  1  2  3
```

也可以作这样的运算，如

```
> (Z+1)[!is.na(Z) & Z>0]->X; X
[1]  2  3  4
```

改变部分元素值的技术与逻辑值下标方法结合可以方便定义向量的分段函数，例如

$$y=\begin{cases} 1-x, & x<0; \\ 1+x, & x\geqslant0. \end{cases}$$

可以用

```
> y<-numeric(length(x))
> y[x<0]<-1-x[x<0]; y[x>=0]<-1+x[x>=0]
```

来表示，其中，numeric()函数产生数值型向量.

　　V 是一个向量，下标取值在 1 到 length(V)之间，例如

```
>V<-10:20;   V[c(1, 3, 5)]
[1]  10  12  14
```

取值允许重复，字符型向量也有相应操作.

　　V 是一个向量，下标取值在−length(V)到−1 之间，如

```
> V[-(1:5)]
[1]  15  16  17  18  19  20
```

表示扣除相应的元素.

```
> V[-c(1, 3, 5)]
[1]  11  13  15  16  17  18  19  20
```

　　在定义向量时可以给元素加上名字，如

```
>ages<-c(Zhang=33, Wang=29, Li=18); ages
Zhang   Wang   Li
  33      29    18
```

　　这样的向量可以用通常的办法访问，也可以通过各元素的名字访问元素或元素子集，例如：

```
>ages["Zhang"]
Zhang
33
```

　　向量元素名也可以后加，如

```
>fruit<-c(5, 10, 1, 20)
>names(fruit)<-c("orange", "banana", "apple", "peach"); fruit
orange  banana  apple  peach
  5      10      1      20
```

7.3　R 数组与矩阵

7.3.1　数组与矩阵的生成

1. 将向量定义成数组

　　数组(array)可以看成是带多个下标的类型相同的元素的集合，常用的是数值型数组如矩阵，也可以是其他类型(如字符型、逻辑型、复数型). R 可以方便地生成和处理数组，特别是矩阵(二维数组).

数组有一个特征属性叫做维数向量（dim 属性），维数向量是一个元素取正整数的向量，其长度是数组的维数，例如维数向量的长度为 2 时数组是二维数组（矩阵）. 维数向量的每一个元素指定了该下标的上界，下界总为 1.

向量只有定义了维数向量（dim 属性）后才能构成数组. 如

```
>Z<-1:12; dim(Z)<-c(3, 4); Z
      [,1]  [,2]  [,3]  [,4]
[1,]    1     4     7    10
[2,]    2     5     8    11
[3,]    3     6     9    12
```

矩阵的元素默认是按列存放的. 也可以把向量定义为一维数组，如

```
>dim(Z)<-12; Z
[1]  1  2  3  4  5  6  7  8  9  10  11  12
```

2. 用 array( )函数构造多维数组

用 array( )函数直接构造数组，命令格式为

```
>array(data=NA, dim=length(data), dimnames=NULL)
```

其中 data 是一个向量数据，dim 是数组各维的长度，dimnames 是数组维的名字，缺省时为空. 如

```
>X<-array(1:20, dim=c(4, 5))
```

定义了一个 4×5 的二维数组.

```
>Z<-array(1:24, dim=c(3, 4, 2))
```

定义了一个 $3 \times 4 \times 2$ 的三维数组.

3. 用 matrix( )函数构造矩阵

函数 matrix( )是构造矩阵（二维数组）的函数，构造形式为

```
matrix(data=NA, nrow=1, ncol=1, byrow=F, dimnames=NULL)
```

其中 data 是一个向量数据，nrow 是矩阵行数. 当 byrow=T 时，数据按行放置，缺省时相当于 byrow=F，按列放置. dimnames 是数组维的名字，缺省时为空. 如

```
>A<-matrix(1:15, nrow=3, ncol=5, byrow=T)
```

下面格式与之等价

```
>A<-matrix(1:15, ncol=5, byrow=T)
```

若将 byrow=T 去掉，则数据按列放置.

7.3.2 数组下标

数组与向量一样，可以对其中的某些元素进行访问或计算. 要访问数组的某元素，只要写出数组名并在方括号内注明下标位置即可. 如

```
>a<-1:24; dim(a)<-c(2, 3, 4)
>a[2, 1, 2]
[1] 8
```

更进一步，可以在每个下标位置写一个下标向量，表示这一维取出所有指定下标的元素，如 a[1, 2:3, 2:3]，一次可以访问 4 个元素. 如果略写某一维的下标，则表示该维全

选.a[,,]或 a[]都表示整个数组.如

```
>a[]<−0,
```

表示不改变数组维数的条件下所有元素赋为 0.

R 允许把数组中任意位置的元素通过数组访问,其方法是用一个二维数组作为数组的下标,二维数组的每一行是一个元素的下标,列数为数组的维数.例如,要把上面结构为 $2 \times 3 \times 4$ 的三维数组 a 的第[1,1,1],[2,2,3],[1,3,4],[2,1,4]号元素作为一个整体访问,先定义一个包含这些下标作为行的二维数组:

```
>b<−matrix(c(1,1,1,2,2,3,1,3,4,2,1,4),ncol=3,byrow=T);
>a[b]
[1]  1  16  23  20
```

注意取出的是一个向量.

7.3.3　数组的四则运算

数组之间可以进行四则运算($+$,$-$,$\times$,$\div$),其实进行的是数组对应元素的四则运算,参加运算的数组一般应该维数属性相同.如

```
>A<−matrix(1:6,nrow=2,byrow=T)
>B<−matrix(1:6,nrow=2,byrow=F)
>A+B
>A/B
```

形状(维数)不一样的数组也可以进行四则运算,一般规则是把短向量(或数组)的数据循环使用.如

```
>X1<−c(100,200);X2<−c(1,2,3,4,5,6)
>X1+X2
[1]  101  202  103  204  105  206
```

7.3.4　矩阵的运算

下面介绍 R 中一些常用的关于矩阵运算的命令.

1. 转置

对于矩阵 A,t(A)表示矩阵 A 的转置.

```
>A<−matrix(1:6,nrow=2)
>A;t(A)
```

2. 方阵的行列式

函数 det()用来求方阵行列式的值.如

```
>det(matrix(1:4,nrow=2))
```

3. 向量的内积

对于 n 维向量 X,可以看作是 $n \times 1$ 或 $1 \times n$ 阶矩阵.若向量 X 和 Y 具有相同维数,则

X%＊%Y 表示 X 和 Y 的内积. 如

```
>X<−1:5; Y<−2*1:5;
>X%*%Y
```

函数 crossprod() 是内积运算函数, crossprod(X, Y) 表示 X 和 Y 的内积.

4. 向量的外积

设 X, Y 是 n 维向量, 则 X%°%Y 表示 X 和 Y 的外积. 如

```
>X<−1:5; Y<−2*1:5;
>X%°%Y
```

函数 outer() 是外积运算函数, outer(X, Y) 求 X 和 Y 的外积, 等价于 X%°%Y. 另外函数 outer() 在绘制三维曲面时很有用.

5. 矩阵的乘法

若矩阵 A 和 B 具有相同的维数, 则 A＊B 表示矩阵中对应元素的乘积, 而 A%＊%B 表示通常意义下的矩阵的乘积(A 的列数等于 B 的行数).

```
>A<−matrix(1:9, nrow=3); B<−matrix(9:1, nrow=3)
>A*B; A%*%B
```

6. 生成对角阵和矩阵取对角运算

函数 diag() 依赖于它的变量, 当 V 是一个向量时, diag(V) 表示以 V 的元素为对角线元素的对角阵. 当 M 是一个矩阵时, diag(M) 表示取 M 对角线上的元素的向量.

```
>V<−c(1, 4, 5)
>diag(V)
>M<−array(1:9, dim=c(3, 3))
>diag(M)
```

7. 解线性方程组和求矩阵的逆矩阵

若求解线性方程组 AX=b, 其命令形式为 solve(A, b); 若求矩阵 A 的逆, 其命令形式为 solve(A). 如

```
>A<−t(array(c(1:8, 10), dim=c(3, 3))); b<−c(1, 1, 1)
>X<−solve(A, b)
>X; solve(A)
```

8. 函数 eigen(Sm) 用来求对称矩阵 Sm 的特征值和特征向量

函数使得 svd() 用来对矩阵 A 作奇异值分解, svd(A) 的返回值是列表形式.

7.3.5　与矩阵(数组)运算有关的函数

下面介绍 R 中一些常用的关于矩阵(数组)运算的函数命令.

1. 取矩阵的维数

函数 dim(A) 得到矩阵 A 的维数, 函数 nrow(A) 得到 A 的行数, ncol(A) 得到 A 的列数. 如

>A<−matrix(1:6, nrow=2)
>A; dim(A); nrow(A)

2. 矩阵的合并

函数 cbind() 把其自变量横向（按列）拼成一个大矩阵，rbind() 把其自变量纵向（按行）拼成一个大矩阵. 如

>X1<−rbind(c(1, 2), c(3, 4)); X1
>X2<−10+X1; X3<−cbind(X1, X2)
>X3

3. 矩阵的拉直

设 A 是一个矩阵，则函数 as.vector(A) 就可以将矩阵转化为向量. 如

>A<−matrix(1:6, nrow=2)
> as.vector(A)

4. 数组的维名字

数组可以有一个属性 dimnames 保存各维的各个下标的名字，缺省时为 NULL. 如

>X<−matrix(1:6, ncol=2, dimnames=list(c("one", "two", "three"),
> +c("First", "Second")), byrow=T); X

也可以先定义矩阵 X 然后再为 dimnames(X) 赋值.

对于矩阵，还可以使用属性函数 rownames() 和 colnames() 来访问行名和列名.

5. 数组的广义转置

可以用函数 aperm(A, perm) 把数组 A 按 perm 中指定的新次序重新排列. 如

>A<−array(1:24, dim=c(2, 3, 4))
>B<−aperm(A, c(2, 3, 1))

结果 B 把 A 的第 2 维移到了第 1 维，等等. 此刻，B[i, j, k]=A[j, k, i].

对于矩阵 A，aperm(A, c(2, 1)) 恰好是矩阵转置，即 t(A).

6. apply 函数

对于向量，可以用 sum、mean 等函数对其进行计算. 对于数组（矩阵），如果相对其某一维（或若干维）进行某种计算，可用 apply 函数，其一般形式为

apply(A, MARGIN, FUN, …)

其中，A 为一个数组，MARGIN 是固定哪些维不变，FUN 是用来计算的函数. 如

>A<−matrix(1:6, nrow=2)
>apply(A, 1, sum)
>apply(A, 2, mean)

7.4 R 的对象与属性

R 是一种基于对象的语言. R 的对象除了包含若干元素作为其数据，同时还包含了称为属性的特殊数据，并规定了一些特殊操作（如打印、绘图）.

一个向量是一个对象，一个图形也是一个对象. R 对象分为单纯（atomic）对象和复合

(recursive)对象两种，单纯对象的所有元素都是同一种基本类型(如数值、字符)，元素不再是对象；复合对象的元素可以是不同类型的元素，每一个元素是一个对象.

7.4.1 内在属性

R 对象都有两个基本的属性：类型(mode)和长度(length). 类型是对象元素的基本种类，共有四种：数值型(numeric)、字符型(character)、逻辑型(logical)、复数型(complex). 如

```
>X <- c(2018, 2019)
>mode(X)
[1]   "numeric"
>length(X)
[1]   2
```

输出结果分别是"numeric"和 2.

R 对象有一个特殊的 null(空值型)型，只有一个特殊的 NULL 值为这种类型，表示没有值(不同于 NA，NA 是一个特殊值，而 NULL 表示根本没有对象值).

要判断对象是否为某种类型，可以采用类似于 is. numeric()的函数完成. is. numeric(X)用来检验对象 X 是否为数值型，返回值是一个逻辑型结果. 类似的还有 is. character()等函数.

```
>Z<-1:6
>is. numeric(Z); is. character(Z); length(Z)
```

输出结果分别为

```
[1]   TRUE
[1]   FALSE
[1]   6
```

向量允许长度为 0，如数值型向量长度为零表示为 numeric()或 numeric(0)，字符型向量长度为零表示为 character()或 character(0).

R 可以强制进行类型转换，例如

```
>Z<-1:6; digits<- as. character(Z)
>digits
[1]   "1"   "2"   "3"   "4"   "5"   "6"
>d<- as. numeric(digits); d
[1]   1   2   3   4   5   6
```

R 中还有许多这样以 as. 开头的类型转换函数.

7.4.2 修改对象的长度

对象可以取 0 或正整数为长度. R 允许对超出长度的下标赋值，此时对象长度自然延伸以包括此下标，未赋值的元素取缺失值(NA)，例如

```
>X<-   numeric(); X[3]<-7
>X
[1]   NA   NA   7
```

要增加对象的长度只要作赋值运算就可以了；要缩短对象的长度，只要给它赋一个长度短的子集就可以了. 如

```
>X<-1:10; X<-  X[2*1:5]
>X
[1]  2  4  6  8  10
```

或者给对象的长度赋值，如

```
>length(X)<-3; X
[1]  2  4  6
```

7.5　R 列表与数据框

7.5.1　列表

1. 列表的构造

列表是一种特殊的对象集合，它的元素也由序号(下标)区分，但各元素的类型可以是任意对象，不同元素不必是相同类型. 元素本身允许是其他复杂数据类型，比如，列表的一个元素也可以是列表. 下面给出一个构造列表的例子. 如

```
>Lst<-list(name="Fred", wife="Mary", no. children=
>+3, child. ages=c(4, 7, 9)); Lst
```

列表元素总可以用"列表名[[下标]]"的格式引用. 例如

```
>Lst[[2]]; Lst[[4]][2]
```

但是，列表不同于向量，每次只能引用一个元素，如 Lst[[1:2]] 不合法.

注意："列表名[下标]"或"列表名[下标范围]"的用法也是合法的，但其意义与双重中括号的记法完全不同. 双重记号取出列表的一个元素，结果与该元素类型相同，如果用一重记号，结果是列表的一个子集(仍为列表).

定义列表时，如果指定了元素的名字(如 Lst 中的 name，wife，no. children，child. ages)，则引用列表元素时也可以通过名字作为下标，格式为"列表名[["元素名"]]"，如

```
>Lst[["name"]];  Lst[["child. ages"]]
```

另一种引用格式是"列表名 $ 元素名"，如

```
>Lst $ name; Lst $ wife
```

构造列表的一般格式为

```
>Lst<-list(name_1=object_1, …, name_m=object_m)
```

其中 name 是列表元素的名字，object 是列表元素的对象.

2. 列表的修改

列表的元素可以修改，只要把元素引用赋值即可，如将 Fred 改成 John.

```
>Lst $ name<-"John"
```

如果需要增加一个元素，例如一项家庭收入，夫妻的收入分别是 1900 和 1600，则输入

```
>Lst $ income<-c(1900, 1600)
```

若需要删除列表的某一项，则将该项赋空值（NULL）.

几个列表可以用连接函数 c() 连接起来，结果仍然是一个列表，其元素是各自变量的列表元素. 如

```
list. ABC<－c(list. A，  list. B，  list. C)
```

在 R 中，有许多函数的返回值是列表的函数，如求特征值特征向量的函数 eigen()，奇异值分解函数 svd() 和最小二乘函数 lsfit() 等，类似的函数很多，这里不再一一讨论.

7.5.2　数据框（data. frame）

数据框是 R 的一种数据结构. 它通常是矩阵形式的数据，但矩阵各列元素类型可以不同. 数据框每列是一个变量，每行是一个观测.

但是，数据框有更一般的定义. 它是一种特殊的列表，有一个值为"data. frame"的 class 属性. 通常情况下，可以把数据框看作是矩阵的推广形式，它可以用矩阵形式显示，也可以用对矩阵下标引用方法来引用其元素或子集.

1. 数据框的生成

数据框可以用 data. frame() 函数生成，其用法与 list() 函数相同，各自变量变成数据框的成分，自变量可以命名，成为变量名. 例如

```
df<－data. frame(
   Name＝c("Alice"，"Becka"，"James"，"Jeffrey"，"John")，
   Sex＝c("F"，"F"，"M"，"M"，"M")，
   Age＝c(13，13，12，13，12)，
   Height＝c(56.5，65.3，57.3，62.5，59.0)，
   Weight＝c(84.0，98.0，83.0，84.0，99.5)
)
df
```

输出结果为

```
   Name Sex Age Height Weight
1  Alice   F  13  56.5   84.0
2  Becka   F  13  65.3   98.0
3  James   M  12  57.3   83.0
4  Jeffrey M  13  62.5   84.0
5  John    M  12  59.0   99.5
```

如果一个列表的各个成分满足数据框的要求，它可以用 as. data. frame() 函数强制转换为数据框. 例如

```
Lst<－list(
    Name＝c("Alice"，"Becka"，"James"，"Jeffrey"，"John")，
    Sex＝c("F"，"F"，"M"，"M"，"M")，
    Age＝c(13，13，12，13，12)，
    Height＝c(56.5，65.3，57.3，62.5，59.0)，
    Weight＝c(84.0，98.0，83.0，84.0，99.5)
```

```
    )
    Lst
```

输出结果是一个列表，但是 as. data. frame(Lst)是与 df 相同的数据框. 在一定条件下，数据框和列表之间可以相互转化.

　　一个矩阵可以用 data. frame()转化为一个数据框. 如果它原来有列名则其列名被作为数据框的变量名；否则系统自动为矩阵的各列起一个变量名. 如

```
>X<−array(1:6, c(2, 3))
>data. frame(X)
```

2. 数据框的引用

　　引用数据框元素的方法与引用矩阵元素的方法相同，可以使用下标或下标向量，也可以使用名字或名字向量. 如

```
>df[2:3, 2:5]
    Sex   Age   Height   Weight
2   F     13    65.3     98
3   M     12    57.3     83
```

　　数据框的各变量也可以按列表引用（即用双括号[[]]或 $ 符号引用）. 如

```
>df[["Height"]]; df $ Weight
```

　　数据框的变量名由属性 names 定义，此属性一定是非空的. 数据框的各行也可以定义名字，可以用 rownames 属性定义. 如

```
>names(df)
[1]  "Name"  "Sex"  "Age"  "Height"  "Weight"
rownames(df)<− c("one", "two", "three", "four", "five")
df

          Name    Sex   Age   Height   Weight
one       Alice   F     13    56.5     84.0
two       Becka   F     13    65.3     98.0
three     James   M     12    57.3     83.0
four      Jeffrey M     13    62.5     84.0
five      John    M     12    59.0     99.5
```

3. 数据框数据的调用——attach( )函数

　　数据框的主要用途是保存统计建模的数据. R 的统计建模功能都需要以数据框为输入数据，我们也可以把数据框当作矩阵来处理. R 提供了 attach()函数可以把数据框中的变量"连接"到内存中，这样便于数据框数据的调用. 例如

```
>attach(df)
>r<− Height/Weight; r
[1]  0.6726190  0.6663265  0.6903614  0.7440476  0.5929648
```

后一个命令在当前工作空间建立了一个新变量 r，它不会自动存入数据框 df 中，要把新变

量赋值到数据框中,可以用

```
>   df $ r<−Height/Weight
```

这样的格式.

为了取消连接,只要调用 detach()(无参数即可). attach()除了可以连接数据框,还可以连接列表.

如果需要对列表或数据框进行编辑,也可以调用 edit()进行编辑、修改,其命令格式为

```
>xnew<−edit(xold)
```

其中 xold 是原列表或数据框,xnew 是修改后的列表或数据框. 原数据 xold 并没有改动,改动的数据存放在 xnew 中.

函数 edit()也可以对向量,数组或矩阵型的数据进行修改或编辑.

7.6 R 控制流及函数编写

R 是一种表达式语言,任何一个语句都可以看成是一个表达式. 表达式之间用分号分隔或用换行分隔. 若一行不是完整表达式(如末尾是加减乘除等运算符,或有未配对的括号),下一行可以续行. 若干个表达式可以放在一起组成一个复合表达式(用花括号括起来),作为一个表达式使用.

R 语言也提供其他高级程序语言共有的分支、循环等程序控制结构.

7.6.1 分支语句

分支语句有 if/else 语句、switch 语句.

1. if/else 语句

if/else 语句是分支语句中主要的语句,if/else 语句的格式为

```
if (cond) statement_1
if (cond) statement_1 else statement_2
```

第一句的意义是:如果条件 cond 成立,则执行表达式 statement_1;否则跳过.

第二句的意义是:如果条件 cond 成立,则执行表达式 statement_1;否则执行表达式 statement_2.

2. switch 语句

switch 语句是多分支语句,使用方法是

```
switch (statement, list)
```

其中,statement 是表达式,list 是列表,可以用有名定义. 如果表达式的返回值在 1 到 length(list),则返回列表相应位置的值;否则返回"NULL"值. 如

```
>   x<−3;switch(x, 2+6, mean(1:10), runif(3))
[1]  0.3724585  0.8989247  0.2547445
```

7.6.2 中止语句与空语句

中止语句是 break 语句，break 语句的作用是中止循环，使程序跳到循环以外. 空语句是 next 语句，next 语句的功能是继续执行，而不执行某个实质性的内容. 关于 break 语句和 next 语句的使用方法，后面将在具体使用例子中说明.

7.6.3 循环语句

循环语句有 for 循环、while 循环和 repeat 循环语句.

1. for 循环语句

for 循环的格式为

```
for (name in expr_1) expr_2
```

其中，name 是循环变量，expr_1 是一个向量表达式（通常是个序列，如 1:20），expr_2 通常是一组表达式. 构造一个 4 阶的 Hilbert 矩阵，如

```
n<-4; x<-array(0, dim=c(n, n))
for (i in 1: n){
    for (j in 1:n){
      x[i, j]<-1/(i+j+1)
  }
}
x
        [1,]       [2,]       [3,]       [4,]
[1,]1.0000000  0.5000000  0.3333333  0.2500000
[2,]0.5000000  0.3333333  0.2500000  0.2000000
[3,]0.3333333  0.2500000  0.2000000  0.1666667
[4,]0.2500000  0.2000000  0.1666667  0.1428571
```

2. while 循环语句

while 循环语句的格式为

```
while (condition) expr
```

当条件 condition 成立时，则执行表达式 expr. 例如，编写一个程序计算 1000 以内的 Fibonacci 数：

```
f<-1; f[2]<-1; i<-1
while (f[i]+f[i+1]<1000) {
  f[i+2]<-f[i]+f[i+1]
  i<-i+1
}
f
[1] 1 1 2 3 5 8 13 21 34 55 89 144 233 377 610 987
```

3. repeat 循环语句

repeat 语句的格式为

```
repeat expr
```

repeat 循环依赖 break 语句跳出循环. 程序功能同上:

```
f<-1;  f[2]<-1;  i<-1
repeat  {
  f[i+2]<-f[i]+f[i+1]
  i<-i+1
  if  ((f[i]+f[i+1]>=1000))  break
}
```

7.6.4　函数的编写

R 软件允许用户自己创建目标函数. 有许多函数保存为特殊的内部形式,并可以被进一步调用. 这样在使用时可以使语言更简洁、有效,而且程序也更美观.

R 系统提供的绝大多数函数,如 mean()、var()等,是系统编写人员写在 R 语言中的函数,与自己写的函数本质上没有多大差别.

函数定义的格式如下:

```
>name<-function  (arg_1, arg_2, ...)  expression
```

expression 是 R 中的表达式(通常是一组表达式), arg_1, arg_2, ...表示函数的参数. 表达式中,放在程序最后的信息是函数的返回值,返回值可以是向量、数组(矩阵)、列表或数据框.

调用函数的格式为

```
>name(expr_1, expr_2, ..)
```

并且在任何时候调用都是合法的. 在调用自己编写的函数(程序)时,需要将已写好的函数调到内存中,运行脚本文件或执行 source()函数即可.

例 7.1　编写一个用二分法求解非线性方程根的函数,并求方程

$$x^3 - x - 1 = 0$$

在区间[1, 2]上的根,精度要求 $\varepsilon = 10^{-6}$.

解　考虑一般情形,取初始区间[a, b],当 $f(a)$ 与 $f(x)$ 异号,作二分法计算;否则停止计算(并输出计算失败的信息)

二分法计算过程如下:取中点 $x = \dfrac{a+b}{2}$,若 $f(a)$ 与 $f(b)$ 异号,则取 $b=x$;否则 $a=x$. 按此过程反复进行,直到区间长度小于指定要求时,终止计算.

二分法 R 代码如下:

```
fzero<-function(f, a, b, eps=1e-5){
  if (f(a) * f(b)>0)
    list(fail="finding root is fail!")
  else{
    repeat {
      if (abs(b-a)<eps) break
      x<-(a+b)/2
```

```
     if (f(a) * f(x)<0) b<−x else a<−x
   }
   list(root=(a+b)/2, fun=f(x))
 }
}
f<−function(x) x^3−x−1
fzero(f,1,2)

$ root
[1] 1.324718

$ fun
[1] −1.405875e−05
```

　　在二分法求根的函数(程序)中，输入值 f 是求根的函数，a，b 是求根区间的左右端点. eps＝1e−5 是精度要求. 函数的返回值以列表形式分别给出了近似根和对应函数值.

　　事实上，R 已经提供了求一元方程根的函数 uniroot()，其使用格式如下：

```
> uniroot(f, interval)
```

例如求例 7.1 的根，可输入命令

```
> f<−function(x) x^3−x−1
> uniroot(f, c(1,2))
$ root
[1] 1.324718

$ f. root
[1] −5.634261e−07

$ iter
[1] 7

$ init. it
[1] NA

$ estim. prec
[1] 6.103516e−05
```

求得的结果一样.

　　下面分别介绍在非线性方程和方程组求解中应用广泛的 Newton 法原理、R 函数及例解.

1. Newton 法解非线性方程原理介绍

　　Newton 法是解非线性方程最有效的方法之一. 考虑非线性方程

$$f(x) = 0$$

求解的困难在于 f 的非线性，为了简化问题，化解困难，将 $f(x)$ 线性展开. 设 x_0 是方程解 x^* 的一个近似，将 $f(x)$ 在 x_0 处 Taylor 展开

$$f(x) \approx f(x_0) + f'(x_0)(x-x_0).$$

解原方程 $f(x)＝0$，近似于求解

$$f(x_0) + f'(x_0)(x-x_0) = 0,$$

得到

$$x_1 = x_0 - \frac{f(x_0)}{f'(x_0)}, \ f'(x_0) \neq 0.$$

作为 x^* 的第一次近似.

设当前点为 x_k, $f(x)$ 在 x_k 处 Taylor 展开

$$f(x) \approx f(x_k) + f'(x_k)(x - x_k).$$

求解 $f(x_k) + f'(x_k)(x - x_k) = 0$, 得到

$$x_{k+1} = x_k - \frac{f(x_k)}{f'(x_k)}, \ f'(x_k) \neq 0.$$

作为 x^* 的第 $k+1$ 次近似. 反复利用上面的公式迭代, 直到满足收敛性要求, 得到方程的近似解. 相应的算法称为 Newton 法, 或 Newton 切线法.

如图 7.1 所示, 方程 $f(x) = 0$ 的实根 x^* 就是函数 $y = f(x_0) + f'(x_0)(x - x_0)$ 的图形与 x 轴的交点. 可见 Newton 法的几何意义为: x_{k+1} 是函数 $f(x)$ 在点 $(x_k, f(x_k))$ 处的切线与 x 轴的交点. Newton 法的本质是用切线不断近似曲线, 故该方法也称为切线法.

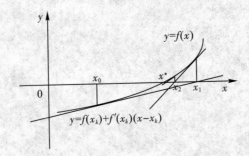

图 7.1 用 Newton 法求方程近似解示意图

例 7.2 编写一个用 Newton 法求解非线性方程根的函数, 并求例 7.1 中的方程

$$x^3 - x - 1 = 0.$$

精度要求 $\varepsilon = 10^{-6}$.

解 Newton 法 R 代码如下:

```
newton<-function(f,eplison,x0,iter_max){ #f 为 expression 类型
  x = x0
  iter = 0
  dx = D(f,'x')
  while (iter<=iter_max){
    ans = x - eval(f)/eval(dx)
    if (abs(x-ans)<eplison){
    break
    }
    else{
      x = ans
    }
  iter = iter + 1
```

```
    }
    list(x,iter)
}
```

这里 f 为 expression 类型. 按精度要求 $\varepsilon=10^{-6}$，并取初值 $x_0=1.5$，调用 newton 函数，则

```
> newton(expression(x^3-x-1),0.000001,1.5,100000)
[[1]]
[1] 1.324718

[[2]]
[1] 3
```

可见结果与二分法以及 R 内置函数 uniroot() 得到的结果一样. Newton 切线法和二分法的原理不同，但通常情况下，Newton 切线法更加高效.

2. Newton 法解非线性方程组原理介绍

考虑非线性方程组

$$\begin{cases} f_1(x_1, x_2, \cdots, x_n) = 0, \\ f_2(x_1, x_2, \cdots, x_n) = 0, \\ \qquad\qquad \vdots \\ f_n(x_1, x_2, \cdots, x_n) = 0. \end{cases}$$

为方便计，令 $\boldsymbol{f}=(f_1, f_2, \cdots, f_n)^{\mathrm{T}}$，则方程组可记为

$$\boldsymbol{f}(x) = 0.$$

将多元向量函数 $\boldsymbol{f}(x)$ 在点 $x^{(k)}$ 处 Taylor 展开

$$\boldsymbol{f}(x) \approx f(x^{(k)}) + \mathbf{J}(x^{(k)})(x - x^{(k)}).$$

其中，$\mathbf{J}(x)$ 为 $\boldsymbol{f}(x)$ 的 Jacobi 矩阵. 解原非线性方程组 $\boldsymbol{f}(x)=0$，近似于求解线性方程组 $\boldsymbol{f}(x^{(k)})+\mathbf{J}(x^{(k)})(x-x^{(k)})=0$，记为 $x^{(k+1)}$，即

$$x^{(k+1)} = x^{(k)} - [\mathbf{J}(x^{(k)})]^{-1} f(x^{(k)}), \quad k = 0, 1, \cdots.$$

反复利用上面的公式迭代，直到满足收敛性要求，得到方程组的近似解. 相应的算法称为解非线性方程组的 Newton 法.

例 7.3 编写求非线性方程组解的 Newton 法程序，并求

$$\begin{cases} x_1^2 + x_2^2 - 5 = 0 \\ (x_1+1)x_2 - (3x_1+1) = 0 \end{cases}$$

的解，取初始值 $\boldsymbol{x}^{(0)}=(0, 1)^{\mathrm{T}}$，精度要求 $\varepsilon=10^{-5}$.

解 求解非线性方程组

$$\boldsymbol{f}(x) = 0$$

的 Newton 法的迭代格式为

$$x^{k+1} = x^k - [\mathbf{J}(x^k)]^{-1} f(x^k), \quad k = 0, 1, 2, \cdots.$$

其中，$\mathbf{J}(x)$ 为 $\boldsymbol{f}(x)$ 的 Jacobi 矩阵，即

$$\mathbf{J}(x) = \begin{bmatrix} \dfrac{\partial f_1}{\partial x_1} & \dfrac{\partial f_1}{\partial x_2} & \cdots & \dfrac{\partial f_1}{\partial x_n} \\[2mm] \dfrac{\partial f_2}{\partial x_1} & \dfrac{\partial f_2}{\partial x_2} & \cdots & \dfrac{\partial f_2}{\partial x_n} \\[2mm] \vdots & \vdots & & \vdots \\[2mm] \dfrac{\partial f_n}{\partial x_1} & \dfrac{\partial f_n}{\partial x_2} & \cdots & \dfrac{\partial f_n}{\partial x_n} \end{bmatrix}.$$

相应的 R 程序如下：

```
Newtons <- function (fun, x, ep=1e-5, it_max=100){
  index <- 0; k <- 1
  while (k <= it_max){
    x1 <- x; obj <- fun(x);
    x <- x - solve(obj $ J, obj $ f);
    norm <- sqrt((x-x1) %*% (x-x1))
    if (norm<ep){
      index <- 1; break
    }
    k <- k+1
  }
  obj <- fun(x);
  list(root=x, it=k, index=index, FunVal= obj $ f)
}
```

此函数中，输入变量有：fun 是由方程构成的函数，x 是初始值，it-max 是最大迭代次数，缺省时默认为 100 次. 函数以列表的形式输出结果. root 是近似解. it 是迭代次数. index 是指标，等于 1 表明求解成功，否则失败. FunVal 是方程在 root 处的函数值.

根据给定方程组编写函数：

```
funs <- function(x){
  f <- c(x[1]^2+x[2]^2-5, (x[1]+1) * x[2]-(3 * x[1]+1))
  J <- matrix(c(2 * x[1], 2 * x[2], x[2]-3, x[1]+1),
              nrow=2, byrow=T)
  list(f=f, J=J)
}
```

应用 Newton 法解方程组

```
> Newtons(funs, c(0,1))
$ root
[1] 1 2

$ it
[1] 1

$ index
```

[1] 1

$ FunVal

[1] 0 0

习　题　7

1. 用二分法求以下方程的所有解. 先用图像法确定包含根的长度为 1 的 3 个区间, 再用二分法求解非线性方程, 并用 R 中 uniroot() 函数求解, 精度要求 $\varepsilon = 10^{-6}$.

(1) $2x^3 - 6x - 1 = 0$;

(2) $e^{x-2} + x^3 - x = 0$;

(3) $1 + 5x - 6x^3 - e^{2x} = 0$.

2. 用 Newton 切线法求解上面题 1 中的方程, 精度要求 $\varepsilon = 10^{-6}$.

3. 用 Newton 法解非线性方程组

$$\begin{cases} x_1^2 + x_2^2 - 1 = 0 \\ x_1^3 - x_2 = 0 \end{cases}$$

取初始值 $x^{(0)} = (-0.8, 0.6)^{\mathrm{T}}$, 精度要求 $\varepsilon = 10^{-3}$.

4. 对于函数

$$f(x) = \frac{1}{4}x^4 - \frac{1}{27}x,$$

分别用二分法和 Newton 切线法求 $\arg\min f(x)$.

5. 设总体 X 服从如下的 Logistic 分布:

$$f(x \mid \theta) = \frac{e^{-(x-\theta)}}{(1 + e^{-(x-\theta)})^2}, \quad -\infty < x < \infty, \quad -\infty < \theta < \infty,$$

$X_1, X_2, \cdots, X_n$ 为总体 X 的一组样本.

(1) 写出对数似然函数 $l(\theta)$ 和导数 $l'(\theta)$;

(2) 写出用 Newton 法解似然方程 $l'(\theta) = 0$ 的迭代公式;

(3) 用 R 内置函数 rlogis() 生成一组样本值, 并用上面方法给出估计 $\hat{\theta}$.

6. 设总体 X 服从二项分布 $B(n, p)$, 其中 n, p 为未知参数, $x_1, x_2, \cdots, x_m$ 为观测样本. 试用矩估计法分析估计 n, p. 用 R 内置函数 rbinom() 生成一组样本值, 并用 Newton 法解非线性方程组给出估计 $\hat{n}$, $\hat{p}$.

7. 柯西分布的密度函数为

$$f(x) = \frac{1}{\pi s \left(1 + \left(\frac{x-l}{s}\right)^2\right)},$$

其中, l 和 s 分别是位置参数和尺度参数. 试用 R 内置函数 rcauchy() 生成一组样本值, 并用 R 中优化函数 optim 得到参数 l 和 s 的极大似然估计.

参 考 文 献

[1]　Bolstad W M. Understanding Computational Bayesian Statistics[M]. New Jersey: John Wiley & Sons, Inc. , 2010.

[2]　陈希孺. 概率论与数理统计[M]. 合肥：中国科学技术大学出版社，2009.

[3]　陈家鼎，郑忠国. 概率与统计[M]. 北京：北京大学出版社，2007.

[4]　柴根象，徐建平. 突出统计思维能力的培养：统计学教学浅谈[J]. 大学数学，第 22 卷第 2 期，2006 年 4 月，26 - 28.

[5]　Dempster A P, Laird N M, Rubin D B. Maximum-likelihood from incomplete data via the EM algorithm[J]. Royal Statist. Soc. Ser. B. , 1977，39.

[6]　Glasserman P. Monte Carlo Methods in Financial Engineering[M]. 范韶华，孙武军，译. 北京：高等教育出版社，2013.

[7]　侯雅文，王斌会. 统计实验及 R 语言模拟[M]. 北京：北京大学出版社，2015.

[8]　江海峰. 蒙特卡罗模拟与概率统计：基于 SAS 研究[M]. 合肥：中国科学技术大学出版社，2015.

[9]　康崇禄. 蒙特卡罗方法理论和应用[M]. 北京：科学出版社，2015.

[10]　Liang F, Liu C, Carroll R J. Advanced Markov Chain Monte Carlo Methods[M]. Chichester：John Wiley & Sons Ltd. , 2010.

[11]　李东风. 统计计算[M]. 北京：高等教育出版社，2017.

[12]　李航. 统计学习方法[M]. 北京：清华大学出版社，2017.

[13]　李舰，肖凯. 数据科学中的 R 语言[M]. 西安：西安交通大学出版社，2015.

[14]　刘旭华，周志坚，陈薇. 浅谈蒙特卡罗方法在概率统计教学中的应用[J]. 大学数学，第 26 卷第 2 期，2010 年 4 月，200 - 202.

[15]　茆诗松，王静龙，濮晓龙. 高等数理统计[M]. 北京：高等教育出版社，2000.

[16]　茆诗松，周纪芗. 概率论与数理统计[M]. 北京：中国统计出版社，2003.

[17]　肖枝洪，朱强. 统计模拟及 R 实现[M]. 武汉：武汉大学出版社，2010.

[18]　肖华勇. 统计计算与软件应用[M]. 西安：西北工业大学出版社，2008.

[19]　Rizzo M L. Statistical Computing with R[M]. New York：Taylor & Francis Group，2008.

[20]　Ross S M. Simulation[M]. 3rd edition. 北京：人民邮电出版社，2006.

[21]　Ross S M. A First Course inProbality[M]. 7rd edition. 北京：人民邮电出版社，2007.

[22]　汤银才. R 语言与统计分析[M]. 北京：高等教育出版社，2008.

[23]　Tanner M A. Tools for Statistical Inference[M]. New York：Springer-Verlag，1996.

[24]　王红军，杨有龙. 关于中心极限定理教学中的几点补充说明[J]. 高等数学研究，第 20 卷第 1 期，2017 年 1 月，115 - 116.

[25]　王红军. 有关最优分层抽样数的结论的证明[J]. 高等数学研究，第 20 卷第 3 期，2017 年 7 月，48 - 49.

[26] 王红军．样本方差递归公式证明方法探究[J]．高等数学研究，第 21 卷第 3 期，2018 年 5 月，28 - 29.

[27] 王红军，田铮．非线性时间序列建模的混合自回归滑动平均模型[J]．控制理论与应用，第 22 卷第 6 期，2005 年 12 月，875 - 881.

[28] 王红军，汤银才．具有稳定分布噪声的 ARMA 模型的贝叶斯分析及应用[J]．应用数学学报，第 38 卷第 3 期，2015 年 5 月，466 - 476.

[29] 王庚，詹鹏．统计模型与统计实验[M]．北京：清华大学出版社，2014.

[30] 韦来生，张伟平．贝叶斯分析[M]．合肥：中国科学技术大学出版社，2013.

[31] 薛毅，陈立萍．统计建模与 R 软件[M]．北京：清华大学出版社，2007.

[32] 薛毅．数值分析与科学计算[M]．北京：科学出版社，2011.

[33] 谢志刚，韩天雄．风险理论与非寿险精算[M]．天津：南开大学出版社，2000.